U0256761

董克平◎著

寻味儿

董克平饮馔笔记

青岛出版社
QINGDAO PUBLISHING HOUSE

图书在版编目（CIP）数据

寻味儿 董克平饮馔笔记/董克平著.－－青岛：青岛出版社，2018.11
ISBN 978-7-5552-7887-0

Ⅰ.①寻… Ⅱ.①董… Ⅲ.①饮食文化－中国 Ⅳ.①TS971.2

中国版本图书馆CIP数据核字(2018)第243043号

书　　名	寻味儿 董克平饮馔笔记
著　　者	董克平
出版发行	青岛出版社（青岛市海尔路182号，266061）
本社网址	http://www.qdpub.com
邮购电话	13335059110　0532-68068026
责任编辑	周鸿媛　张　岩
特邀编辑	宋总业
装帧设计	魏　铭
印　　刷	青岛海蓝印刷有限责任公司
出版日期	2018年11月第1版　2018年12月第2次印刷
开　　本	32开（890mm×1240mm）
印　　张	7
字　　数	150千
图　　数	52
印　　数	10001~15000
书　　号	ISBN 978-7-5552-7887-0
定　　价	49.00元

编校质量、盗版监督服务电话：4006532017 0532-68068638
印刷厂服务电话：4006781235

做一个快乐的食者

晚饭后回到家里，电视里正在播放《国家宝藏》，节目介绍的是"大克鼎"，没想到一下子就看了下去。这个鼎是周孝王时期膳夫克拥有的。克在祭祀时，可以用七个鼎。这在周朝是相当于诸侯的标准了。周王是九鼎八簋，诸侯是七鼎六簋，大夫五鼎四簋，元士三鼎二簋。克是个厨子，管理周王祭祀时的食物，因为在安定诸侯国的事情上立了大功，周王赐克铜铸鼎，并享有七鼎六簋的待遇。

膳夫克享用七鼎，看来是个很牛的人物了。他用一块祭肉包含的礼义，说服那些心怀叵测、不听周王招呼的诸侯国重新归顺周王朝，让攘外安内的国家大政得以实行。在春秋战国以前，厨师还真是个了不得的职业，做一个好厨师也能为兴业安邦做出自己的贡献。中国厨师界的祖师爷伊尹本身是个陪嫁的奴隶，到商国当了宰相，凭借的就是他做厨师的本事。

伊尹善调五味，先用美味吸引了商汤的胃，然后告诉商汤要想吃到这些美味就要得天下。得天下的途径呢，就是要对具体事物做具体分析，采用不同的方法，犹如料理不同的食材一样，方法对了，味道才能好，治理国家也是同理。美食与治理国家在伊尹那里遵循同样的原则。老子说"治大国若烹小鲜"，治国的道理和烹饪是相通的。

我曾经写过一篇文章，说中国的礼义始于饮宴，膳夫克说服诸侯，也就是因为他替周孝王送给诸侯的那一块祭肉所蕴含的上下尊卑的礼义。这个尊卑是政治性的，也是伦理性的。春秋之前，中国是礼制治国，礼义中蕴含着明显的统治层级，诸侯接受了祭肉，就表明还是周朝的属国，还承认周王的天子地位。礼崩乐坏之时，周朝也就瓦解了，这也是孔子总是在说"克己复礼"的原因了。到了秦始皇时期，国家治理进入法治时代，礼的作用逐渐衰微，但也一直存在于社会生活中，直到今天，这也是中国社会的一个鲜明特点。

鼎从煮饭的器物到国家权力的象征，厨师在国家政治生活中的作用，食物分享中包含的礼义教化，大致可以说明饮食是中国文化的源头。

既然饮食和文化密切相关，能做一个食者就是一件很开心快乐的事情，尽管这有为自己贪吃嘴馋找一个冠冕堂皇借口的嫌疑，但每天都能吃到好吃的，还是让人非常开心的。

董克平

2018 年 8 月于北京

关注喜马拉雅 FM

听董克平破解
美食背后的文化密码

关注作者微信公众号

"董克平饮馔笔记"

目录

做一个快乐的食者（序言）

 第❶篇 寻味儿

衣带渐宽终不悔

目录

第❷篇 回味儿

樽姐笑谈多雅故

目录

第**3**篇 思味儿

淡处当知有真味

目录

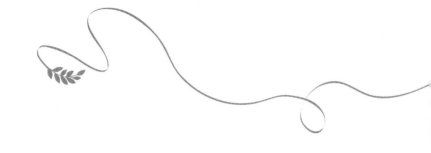

第 **1** 篇

寻味儿

衣带渐宽终不悔

喜欢鸡枞菌

吃完一碗米线，坐车去了机场，十一点半落地昆明。昆明比泸沽湖干燥许多，刚下飞机鼻子就感觉到了。一点钟去吃午饭，朋友订了一家私房菜馆，开在卢汉公馆的附属建筑中，清幽的二层楼院子，一楼吃饭，二楼喝茶。喝了一泡生普，缓解了身体的干燥。

下楼吃饭，已经有几个菜摆在桌子上了。其中有一个是朋友推荐的折耳根鲫鱼，做好的鲫鱼上覆盖着辣椒和折耳根。朋友说折耳根是野生的，味道很正。尝了一下，确实像朋友说的那样。鲫鱼也挺好吃的，只是不太明白类似于潮州鱼饭的鲫鱼，为什么要搭配折耳根呢。吃鱼本来就要去腥，鲫鱼不腥了，鱼肉甘润适口，可是折耳根来了（折耳根又叫鱼腥草），这样的搭配结果是去了鱼腥来了草的腥味，这是怎样的一种调味理念呢？

这个菜作为前菜还有一个很大的问题，就是折耳根的味道太霸道太强烈了，对品尝其他菜肴造成了极大的干扰，尤其对菌菇菜式，影响更重。喝了一些梅子泡的清酒，又喝了一些清水之后，嘴里才慢慢有了味道。

最喜欢蒸的鸡枞菌。朋友说，鸡枞在云南有 36 种之多，这道菜用的是黑帽红土鸡枞，是鸡枞中的佳品。鸡枞鲜美甜润，加上火腿的醇香，真是太好吃了。最近两次云南行吃了很多菌菇，最喜欢的就是鸡枞菌。蒸的好吃，炒的好吃，做汤的也好吃。

这次云南之行，正是云南菌菇大量上市的时候，每到一地，每一餐饭都有很多菌菇菜，松茸菌、鸡枞菌、干巴菌、鸡油菌、各种牛肝菌，还有一些我没记住名字的菌子，这些菌子有些我喜欢，有些不太喜欢。但无论怎样，都能吃得到新鲜。

云南的地形地貌和丰茂的植被，为菌子的生长提供了良好的条件。这些年人们饮食上对绿色健康营养的重视，让菌子成为食材的新宠，菌子已经成为全国性的好食材。很多餐厅菜单上都有菌菇类菜肴，做法也是多种多样，只要调味准火候对，都是不错的菜肴，受到人们的喜爱。

这几次在云南吃到的菌菇类菜肴，大多是传统做法，煳辣椒炒，皱皮椒炒，大蒜炒，加肉片或是火腿调味增香，这些菜都挺好吃的。不过我想，这么好的菌菇菜能不能有更好的呈现方式呢？能不能引进或借鉴其他菜系的技法，甚至西餐、日料的一些做法，丰富菌菇菜的内容呢？和蔡昊先生讨论美食的时候，蔡先生说过一句斩钉截铁的话："非时尚不美食。"这里的"时尚"不仅是呈现方式的探索与改变（让菜品更漂亮），还有口味上的与时俱进，探索与国际流行趋势结合的可能（优质原料的国际化表达）。个人觉得云南的菌菇具备这样的特质，只是还需要花大力气去研发、推广。

飞机晚点一个多小时，我还是把归家的图片浪漫地美化了一下，回家的感觉总是美妙的。十点四十五落地，十一点二十坐上车，现在离家越来越近了……

黄河大鲤鱼

睡足了11个小时，今天满血复活了。一天的拍摄精神十足，即使是最后的回采，我感觉身上还有很多力气，估计也不会是满脸倦容了。照片为证，还是睡足了觉的好。

《厨王争霸》的录制继续，今天出场的双方都是西餐厨师，一方是北京的，一方是来自上海的意大利厨师。平时基本上是做中餐的对垒做西餐的，这回对阵终于都是做西餐，虽然他们来自不同的国家。

每天的比赛我都有一样食材作为礼物送给双方，今天送的是黄河大鲤鱼。这条鲤鱼有一米长，是早上刚从中国八大淡水湖之一的乌梁素海破冰捕捞到的，真正金鳞赤尾的黄河大鲤鱼。虽然现在鲤鱼已经不是人们喜爱的水产品了，但是真正的黄河大鲤鱼与一般池塘里养的鲤鱼是完全不同的。中国人吃黄河大鲤鱼有几千年的历史了，《诗经·衡门》中说："岂其食鱼，必河之鲤"，这个"鲤"说的就是黄河鲤鱼。历史上传说的四大名鱼是黄河鲤鱼、淞江鲈鱼、兴凯湖鲌鱼、松花江鳜鱼。曲阜孔府在饮食上极其讲究，真的是遵循孔子"食不厌精，脍不厌细"的教导，可是他们却因为孔子的儿子叫孔鲤而不吃鲤鱼。这些都是远古的事情了，当代郑州的餐饮名人樊胜武在前几年把经营了十几年的品牌"阿五美食"改名为"阿五黄河大鲤鱼"，借黄河鲤鱼的名望振兴豫菜。曾经在阿五的餐厅吃过黄河鲤鱼，味道比我想象的好上许多。

今天我送的这条黄河大鲤鱼要比阿五用的大很多，不管是用作主菜还是前菜，分量肯定是足够了，关键是看厨师如何料理。双方厨师不约而同地都用鲤鱼做了前菜，对比之下，中方的西餐厨师显然比外方厨师高明许多。取肉打成蓉，把虾包在鱼蓉里做熟调味。鲤鱼刺多，有土腥味，通过做鱼蓉的过程可以去除鱼刺，也便于调味去掉土腥味，成菜吃起来也方便。鱼蓉细软，虾仁紧实，加上汁酱的配合，成就了一道很精彩的前菜，赢得了绝大多数评委的称赞，也因此奠定了获胜的基础。

　　外方厨师开始想做生鱼片配搭生蚝，中途考虑到是淡水鱼，也许会存在食品安全问题，决定换成烤鱼片。但由于时间的关系以及对鲤鱼食性理解不够，菜品呈现就显得有些仓促而凌乱，味道上也不够统一，鱼片过咸，生蚝略腥，因此只有一个评委给了他分数，输掉比赛也就在所难免了。

　　意大利原本也是有生鱼片这类菜品的，在意大利叫作Carpaccio。Carpaccio 有生鱼片也有生牛肉片，滴上柠檬汁，用橄榄油拌匀而食。不过在意大利用的多是海鱼，常见的是用鲑鱼、海鲈鱼和鲔鱼，基本上不会使用淡水鱼。相比于日式生鱼片来讲，Carpaccio 的味道更丰富，变化也多一些。今天比赛中，意大利厨师开始设计的生鱼片大致就是从 Carpaccio 演化而来，只是因为淡水鱼的缘故而放弃了。

　　在我国最早吃的鱼生也是淡水鱼，而且是大江南北都吃，孔子说的"脍不厌细"中的"脍"就是生鱼片,而且是淡水鱼的鱼片。后来北方吃的比较少了,东北松花江流域还有一些,南方的顺德潮汕地区依然盛行。从食品安全角度出发,国家不提倡吃淡水鱼生,餐厅里也不会公开售卖淡水鱼生,所以现在人们吃生鱼片,基本就是选择日式的了。日式鱼生都是海鱼,而且是深海鱼居多,海水有盐分,鱼肉的安全系数要远远大过淡水鱼,因此,吃鱼生还是吃海鱼踏实一些。

臭味菜

　　带臭味的菜是很多人喜欢的，要不那些炸臭豆腐的摊档也不会在京城里遍地开花。和朋友聊天的时候说，地安门十字路口的东北角和西南角每天都能见到排队的人们，西边的是排队买栗子，东边的则是买油炸臭豆腐。那个臭豆腐真叫臭呀，在路口的南边就能闻到那股浓浓的臭味，尤其是冬天刮北风的时候。

　　北京以前没有这种臭豆腐，有的是臭腐乳，北京叫作"臭豆腐"。那种臭豆腐属于咸菜类，喝粥、吃窝头的时候送饭用的。如果把窝头切片烤焦，然后抹上臭豆腐，脆香臭鲜混合在一起，真是好吃。老北京还有用臭豆腐拌面条吃的，锅挑的热面条拌上臭豆腐余，热腾腾臭烘烘，吃在嘴里那可是一个香。

　　现在流行的这种臭豆腐是真的臭豆腐，南方更流行，尤其是长江流域的那些地区，一般是炸过后蘸辣椒酱食用。湖南、湖北、江西等地的炸臭豆腐，蘸的辣椒酱比较辣，比较咸；江浙一带的辣椒酱比较淡，偏甜一些。不知道为什么臭豆腐总是和辣椒配在一起，不管是油炸的臭豆腐还是蒸的那种臭豆腐，总是需要辣椒来提味的，或许是要用辣椒的烈度掩盖一下那股臭味？味蕾经过辣椒的刺激产生了痛感，多少可以压一下臭味的，压下了臭味，鲜味和香味也就出来了。说实话，没有什么人喜欢臭味的，吃臭是为了逐鲜，因为有了对比，臭中之鲜分外鲜了。当然这是我的理解，爱吃臭味菜的人大概有他们的看法。

和宁波的朋友说起臭味菜，他们也说是为了吃臭中的那种鲜味。尤其是臭苋杆，把苋杆放到嘴边，一吸溜，便把杆中略为黏稠的液体吸进了嘴里，真个是鲜美无比。在宁波、在绍兴，我都见识过臭苋杆，实在是接受不了那股味道，见到朋友吃得那副陶醉样子，真的是难以理解。问其感受，朋友说尝过就知道了。我没敢尝，也就没有什么体会了。

不过我倒是吃过臭鳜鱼，也就是安徽菜里的腌鲜鳜鱼了。因为是鳜鱼，肉质紧密、肉色粉红诱人，虽然闻到了浓浓的臭味，还是忍不住吃了几口，开始时心里还想着那股臭味，慢慢咀嚼之后，臭味消失了，感觉到的是满口的鲜味和香味，加上肉质的口感上佳，我吃了不少臭鳜鱼。一般说来，动物蛋白发酵后要比植物蛋白发酵后的味道浓烈许多，但是不知为什么我能接受动物的却难以接受植物的，能吃臭鳜鱼和臭奶酪，不能接受臭苋杆、臭冬瓜、霉千张这类的东西。不过湖北菜里的臭干子煲，安徽菜里的花生碎拌臭干子我还能吃一些，宁波绍兴那里的臭冬瓜、臭苋杆我是一口都不能尝的。

广西的酸笋也是比较臭的，1992年我在南宁闻到了满街的酸味，当中还有酸笋的臭味，怎么也吃不下去。1994年和妻子去阳朔，早晨起来妻子在路边摊吃酸笋粉，我要了小笼包，当时很是想不通妻子怎么会喜欢吃那种臭臭的东西。1995年在深圳和朋友吃夜宵，突然觉得桂林米粉里加了酸笋真是好吃，于是也就喜欢上了酸笋。在北京吃桂林米粉的时候，也要店家加上一些酸笋，即使加钱也要。我对酸笋的体会是开胃、提味，能把食材中本来的味道激发出来，因此可以尝到平时感觉不到的味道。

臭菜原本是人们为了保存食物、为了对付饥荒而想出的一种保存食物的方法，慢慢地演化成了中华菜品中具有独特地位的一类菜肴。宁波地区的"三臭"（臭冬瓜、臭苋杆、臭豆腐）名扬海外，湖南湖北的臭豆腐也是赫赫有名，广西云南有酸笋，东北有臭菜，沿海地区有臭鱼臭虾，卤虾酱就是一种很臭很臭的东西，但是这些东西都受到当地人的喜爱，而且有蔓延到全国的趋势。看来食臭、嗜臭是大部分人都能接受并且喜欢的饮食习惯，这也是为什么臭豆腐摊档能遍布京城、遍布全国的原因了。

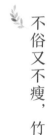

不俗又不瘦，竹笋烧猪肉

　　刚刚录制完《厨王争霸》那天，朋友打来电话邀请我参加一个自驾游徽州的活动。"人生痴绝处，无梦到徽州。"作为中国三大地理显学之一的徽学，就是以徽州文化为研究对象的一门学科。徽州一府六县，始终是我旅行计划里的重要选项。于是，我果断退掉回家的机票，开车去了徽州。

　　黟县徽州味道的老板兼主厨叶新伟师傅从朋友圈看到我在宏村，便邀请我去他那里吃饭。我们结识于《舌尖上的中国》第一季，一些关于徽菜的镜头拍的就是叶新伟师傅。根据我在徽州游逛的经验，好吃的徽州菜只有叶新伟的徽州味道比较靠谱。于是离开高速公路，转道去了徽州味道。坐下点菜，叶师傅告诉我有早晨刚刚挖来的竹笋，准备做个手剥笋让我尝尝。手剥笋常吃，徽州味道的有什么不同？我就跟着叶师傅去了厨房。

竹笋用水冲洗掉泥巴，和大块的咸肉一起放进高压锅煮了二十分钟左右。咸肉切片做成徽州名菜刀板香，竹笋修整一下，都码在盘子里直接端上桌。剥开笋衣，煮透的竹笋泛着象牙一般的色泽，白中带黄，纹理细腻，温润似玉。咬一口，汁水丰盈，清腴甘润，脆嫩鲜甜，妙味无以言表。这一餐中饭，让我有了对竹笋美味的极致体验。

人食用竹笋历史久远，商朝时期，竹笋就上了人们的餐桌。《诗经·韩奕》中有这样的句子："其蔌维何？维笋及蒲。"历朝历代的文人墨客都留有咏叹竹笋的诗文，最为人们熟知的大概是出生在四川眉山的大美食家、大文豪苏东坡了。"宁可食无肉，不可居无竹。无肉令人瘦，无竹令人俗。人瘦尚可肥，士俗不可医。"他这首诗对竹子的风雅高节给予了极高的赞誉。后有好事者续上两句，解决了不俗又不瘦的难题：要想不俗又不瘦，天天竹笋烧猪肉。联想到苏东坡被贬湖北黄州时写的那首《猪肉颂》："净洗铛，少著水，柴头罨烟焰不起。待他自熟莫催他，火候足时他自美……"他是做得出天天竹笋红烧肉之事的。

清代的美食家、戏剧家李渔把竹笋看作是蔬食中第一佳物，远比猪羊肉美妙许多，"蔬食中第一品，肥羊嫩豕，何足比肩"。竹笋的吃法很多，炖煮蒸炒焖烧烤诸法烹制，无一不美。竹笋荤素皆宜，与荤配搭，最佳拍档就是猪肉了。李渔说："以之伴荤，则牛羊鸡鸭等物皆非所宜，独宜于豕，又独宜于肥。肥非欲其腻也，肉之肥者能甘，甘味入笋，则不见其甘但觉其鲜之至也。"在徽州味道吃到的手剥笋就是这个道理。猪肉与鲜笋同煮，猪肉油脂滋润了竹笋，使其甘甜凸显出来，自然就是好味道了。

要想吃到竹笋之鲜，莫过于宋代林洪在《山家清供》中记录的"傍林鲜"了："夏初，竹笋盛时，扫叶就竹边煨熟，其味甚鲜，名曰'傍林鲜'。"竹林里挖来鲜笋，就在竹林边用竹叶小火慢慢煨熟而食。清幽的环境，芳香的竹叶，让这样的竹笋吃法达到了即食之鲜的顶峰。

缺衣少食的年月，肚子里没有什么油水，竹笋也不宜多吃。竹笋膳食纤维丰富，刮肠去油，没有油水垫底，怕是要多吃不少粮食。清雅之说是文人唱诵，旧日富贵之家能走清淡之路，贫苦人家则多是与肉同煮，不至于过分寡淡。《本草纲目》中说竹笋味甘、微寒，无毒，有清热化痰、益气和胃、治消渴、利水道、利膈爽胃等功效。现代科学研究分析证明，竹笋是低脂肪、低糖、多纤维的健康蔬食，助消化，去积食，防便秘，有防癌的功效。当下物质生活极大丰富，人们肚子里油水过剩，竹笋消食去油，对身体健康好处多，倒是可以多吃一些了。

嗨在一份炒饭

　　饭局接近尾声，龙虾汤面上来了，前面吃了很多好菜，这一碗龙虾汤面大家吃了几口就放下了。朋友说不是不好吃，是吃得太饱了。不过我倒是觉得没有前几次做的好吃，汤水浓度差了一点，香气也就减了一些。即使胤胤很是夸奖程郁师傅对汤面中带子的处理：黑胡椒腌一下之后轻煎，带子表皮硬了，里面却还细嫩，轻煎带走了一些水分，让带子有了上乘的口感。

　　汤面的味道还在议论之时，另一道主食白葱萝卜香炒饭上来了。这道主食在我和胤胤讨论菜单时，第一眼就异口同声地决定保留下来，为此，我们去掉了辣酒煮花螺、黑金蒜松茸澳洲和牛肉两道菜。保留这个炒饭基于两个原因，第一个很简单，胤胤的夫人陈数是主食控，是一定要吃主食的；第二个原因是昨天晚上王勇师傅的鸡枞油干巴菌炒饭很是高大上，用的是很高级的野生菌，程郁师傅这道炒饭从名字上看，很是接地气，香葱随时可得，萝卜干是杭州萧山的特产，我们想看看杭州乡

1. 橙味鹅肝酱配北海道吐司
2. 捞汁海肠配海胆
3. 虾汤海鲜面
4. 三年陈萝卜干菜炒饭

土的炒饭是个什么样子。分到碗里一吃，这份简单的炒饭惊艳全场，胤胤吃完，弱弱地请求再来一份。按照胤胤的说法，凭这份炒饭，就值得打飞的来杭州吃一次。我也对这道炒饭喜欢极了，粒粒干爽香韧，脆韧的萝卜干略带调皮似的口感，让炒饭香气口感均属上佳之作。吃着这碗饭，可以想象得到米粒在煸锅中蹦跳的情形。这一碗饭是有灵气的香气四溢、浅尝即美、多吃至嗨的晚宴终结曲。有了这份炒饭，我终于可以放心了，湖滨 28 的精美晚餐，终于可以衔接上昨晚四季金沙的精彩了。

这两天在杭州，除了见朋友谈事情之外，就是吃饭了。虽然时间短暂，三顿正餐安排到了三家豪华型五星级酒店的中餐厅，吃过这三家五星级酒店的中餐之后，我们大致有了这样的一个观点：要想做出特色留住客人，一定要在本土特色上下足功夫。如果还是像前几年那样用粤菜打天下，很难取得好的效益。粤菜流行了二十几年，如今粤港之外，粤菜不做老大很多年了，各种地方特色地方风味成为属地和外来消费者的首选。王勇的四季酒店金沙厅是这样，程郁的杭州凯悦酒店湖滨 28 餐厅是这样，南京香格里拉大酒店侯新庆的江南灶是这样，北京东方君悦大酒店金强的长安一号是这样，北京瑰丽酒店柴鑫的乡味小厨也是这样。这几家餐厅生意火爆，香名远扬，其共同的特点就是强调本地化，弱化粤菜的位置，这也是酒店餐饮突围的有效路径。

试想一下，粤菜哪里都有，我何必到一个非粤港地区的酒店去吃呢？就饮食心理而言，无论是旅行者还是商务客人，都希望在无法保证家乡味道的时候，选择尝试所住酒店属地的风味，增加旅行见识，丰富美食体验。你很难想象一个甘肃人到了杭州旅行去找一家粤菜餐厅吃饭，这种现象肯定会有，但绝不是多数人的选择，尤其是在粤菜已经不做老大很多年的当下。

酒店餐饮相比于社会餐饮规矩大、框框多，有些时候会有束手束脚的感觉，严重一点说，厨师在菜单变化上、菜品创新上有点"戴着镣铐跳舞"。是四平八稳地做那些没有什么新意的粤菜，还是在夹缝中引进吸收改良属地风味？显然前者要轻松很多，后者需要更多的勇气和智慧。这不仅是对厨师提出的要求，更是对酒店经营管理者提出的要求。

在国内外一些餐厅评比的榜单上，湖滨28、四季金沙、江南灶、乡味小厨屡屡获奖，获得媒体的推荐和消费者的认可，本土特色突出是他们共同的特点，他们走得通，其他人呢？

最香不过贴骨肉

　　长身体的那些年，北京买肉还要凭本。那时候家家户户都有一个副食本，买豆腐用它，买粉丝、麻酱、白糖，以及春节的时候买花生瓜子都要用它，买肉必须用它，每人每月两斤肉，春节的时候会多一点，具体多了多少忘记了。两斤肉显然不够吃，于是就会买一些不在定额内的猪骨。猪骨分棒骨和排骨，排骨很少买，因为比棒骨贵很多，又比肉多了一些骨头，因此棒骨就是大家追逐的东西了。那时候，棒骨七分五一斤，扇骨上有几丝肉，筒骨上肉多一些，还可以敲开骨头吃骨髓，可是扇骨和筒骨是混在一起卖的，一称下来有多少筒骨就要看"人品"了。如果你认识卖肉的师傅，就可能多得几根筒骨，而且筒骨上的肉也要多一些。那时候的肉铺都是自己剔肉，整扇猪进来，售货员自己分割出猪肉、排骨、棒骨、猪油、猪肘、猪蹄等，认识他，剔肉的时候手松一松，骨头上的肉就多一些。

　　第一次到广州，在菜场里看到排骨比肉卖得贵，很是惊诧，后来才明白人家吃得比我这样的北方人讲究许多，排骨肉比猪肉味道好，自然是贵一些了。

筒骨买回家用大铁锅煮透就是一锅带荤腥的汤水了，用它熬白菜煮粉条或者炖萝卜，就是小时候一道不错的、有滋有味有油水的主菜。把筒骨上的那一点肉小心翼翼地剔下来，加点大葱、加点酱油炒，就是一盘宜酒宜饭的好菜了。在大人看来，这是骨头的附属品，等于是买骨头白得了肉，喝了汤还有肉吃，一份钱做了两件事，简直是赚到了。如果在肉铺正好赶上认识的师傅，又正好有筒骨卖，就会和师傅打好招呼给我留着，然后飞快地跑回家拿钱去买，回家时那副得意扬扬的样子现在还很清晰。吃拆骨肉的时候大人会说："贴骨肉最香。"也就是因着筒骨上的这点肉，我记住了"贴骨肉"这个名词，也记住了它的美味。

童年少年的记忆里买到筒骨的机会很少，吃到贴骨肉的机会就更少了。稀缺而美妙的东西总是容易被印在记忆里，家里的那盘贴骨肉就是这样留在我的味觉记忆中。每每想起那盘油汪汪香喷喷的大葱炒贴骨肉，香气氤氲中，还有姥姥挪着三寸金莲忙碌的背影……

贴骨肉好吃是因为那时很少有机会大口吃肉，那时贴骨肉对于成长于物质匮乏时期的我们来讲，吸引力远远超过如今遇到的山珍海味。那些带有筋膜的肉在加了八角、生姜等调味料的水里煮熟，剔下来加料再炒一下，香气浓郁有嚼劲，有肉香少脂肪，用来下饭有滋有味不腻口，是我童年少年时期不多的美味记忆。

物质丰富以后，吃贴骨肉的机会反而少了，可以大口大块吃肉了，也就不再注意那些贴在骨头上不多的几丝肉了，也许人们不想费事剔下再炒。是啊，肉敞开供应了，随时买随时有，买多少有多少，想怎么吃就怎么吃，谁还会在意贴骨肉呢？世事有轮回，大块肉吃多了、吃腻了，又有人想起了贴骨肉，只是不再拆下来，而是和骨头一起煮好调味直接上桌。目前在一些餐厅常见的酱腔骨、煮棒骨等菜式，就是对贴骨肉简单粗暴直接的再现。曾经火遍京城至今依然受追捧的各种羊蝎子吃法，则是对贴骨肉的发扬光大。吸、嘬、抠、啃并用，把那些贴在骨头上、藏在骨缝里的肉丝、筋膜吃到嘴里，有如一场贴骨肉与舌尖唇齿共同完成的行为艺术，令人垂涎欲滴，食指大动，欲罢不能。于我来讲，还是喜欢加料把骨头煮透，把肉剔下来，加上一些葱白，认真炒一盘大葱贴骨肉。

孙姐的玉瓜馅包子

今天要去大连，订了 6 点 50 分的车，是要起得早一点。昨晚睡觉时没有定闹钟，想试试自己能不能按时醒来。看来不用闹钟还是可以的，年纪大了，心里有事，到时候就会醒的。离开北京心情总是有点模糊的不愉快，大概是这段时间出差频繁，身体有些吃不消了。可是在北京待几天后就想着出去转转。家人说我心里长草了，北京快装不下我了。

准点落地大连，到酒店休息了一下后，就去小平岛日丰园吃饭。日丰园的海肠饺子扬名四方，许多名人都曾来过日丰园吃饺子，属于到大连必吃的美食之一。不过到了日丰园，孙大姐没给我海肠饺子吃，让我先吃的是海胆饺子和玉瓜馅包子。

大姐说："你尝尝这个。我不加蛋黄，为的就是让海胆的鲜味突出来。吃了一个就要吃第二个，味正，好吃，极鲜。"海胆饺子是孙姐准备推出的饺子新品，为了追求海胆的原味，孙姐没有像市面上那些海胆饺子加大量的鸡蛋黄，而是全用海胆做馅。孙姐说，你刚吃的时候是鲜，仔细品尝之后会有一点点苦味，苦味过后就是回口的甘鲜，这才是海胆的原味。我没体验到苦味，只是觉得太鲜了。

玉瓜馅包子，这个在我家叫作蒸饺，因为是死面做皮，讲究的是薄皮大馅，汤汁丰富鲜美。张元说，现在大连玉瓜不多，大概只有几个地方能买到。这个包子很好吃，我吃了两个。当时没好意思问玉瓜是什么瓜，我吃着有点像北京叫西葫芦的那种瓜。

刘峰曾经这样介绍过日丰园的孙姐：民间食神——大连日丰园创始人孙杰。

孙杰，1962年生人，自幼痴迷烹饪，8岁时便展现出惊人的烹饪天赋，天生对食材有着敏锐的感觉和独辟蹊径的认知，烹饪美食无师自通，全系自行钻研，且制菜从不尝味，皆靠对于食物味道的想象和直觉，所制菜肴却总有惊人之味，被大连业内人士称为"滨城民间食神"。

她的菜肴风格自成一派，别无二家，以烹制海鲜、制馅见长，二者堪称天下双绝。其菜肴风格打破国内高端餐饮业崇尚精致、细腻、融合的主流见解，充满民间智慧和创意灵感，彰显粗犷中兼有细腻，原生态间不失大气，是为"孙氏"民间私房菜之特有魅力。拿手之作是海肠饺子、鲍鱼炖八带蛸、鱼羹海参花、家焖兔子鱼、家焖鲳鱼、茄子炖蚬子等。

刘峰的介绍精致标准，虽然与孙姐的民间气质不太符合，但确实把孙姐的特点准确描述出来了。我觉得到大连别的地方可以放过，日丰园是一定要去的。

海肠饺子，是日丰园得以成名的首本美味。孙姐告诉我，现在不是吃海肠饺子的季节，韭菜不够好，海肠也不够肥。最好的季节应该是春天，尤其是早春时节。那时韭菜香，海肠肥，饺子味最好。

一顿大连家常菜，让我这个外来者和陪同我的大连朋友都吃美了。看似家常，却也是孙姐几十年生活智慧的集中体现。孙姐说，从会做饭那天起她就是这样做的，现在依然这样做，只不过现在条件好了，原材料选得比过去严格多了。"好材料，认真做，没有理由不好吃的。"孙姐拍拍手，很是自信。

到西安去哪条街吃小吃

车开到北院门那里，我们下车。街上很热闹，人来人往地伴着各种吆喝声，正犹豫着是否随着人流走进去，停好车的妖哥拉着我进了另一条巷子。

北院门大街，在鼓楼的北面，是西安最早的回民街。清朝时，陕甘总督府院在鼓楼南，故称南院；陕西巡抚府院在鼓楼北面，故称北院。巡抚衙门北大门对着的南北向大街，也就被叫作了北院门。

第一次来贾三包子铺是20世纪90年代中期，那里脏乱差得难以移步。那时年轻，吃什么都香，所以很喜欢街上的那些吃食，贾三灌汤包子我们三个人吃了六屉，走出回民街又吃了一个肉夹馍。那时的贾三包子铺还是灰色的墙面绿色的门窗，

远没有现在这般模样。不过那也是我到现在最后一次吃贾三包子，什么味道不记得了，就记得好吃，且吃了许多个。如今贾三包子铺的店面越来越漂亮了，回民街也变得整齐漂亮多了，只是我们现在也吃不动了。

西安美食活地图"@老妖带你吃西安"对我说，经过这些年的发展，西安回族小吃格局也有了很大的变化。作为一个吃遍陕西各市县的资深吃货，妖哥对西安回民街（清真小吃主要集中在回族生活区域，也就是回民街及相邻地区）有着这样的划分：洒金桥、大麦市街是吃货的回民街；大皮院、北广济街、西羊市是西安人的回民街；其他还有诸如庙后街（烤肉）、大莲花池、麦苋街（泡馍、砂锅）、东举院巷（面条）等。

闪过北院门，妖哥带我进了西羊市，走到一家卤汁凉粉铺子前，妖哥说这里有西安的黑暗料理，一定要我尝尝。进屋坐下，五分钟内店家端来两碗加了鸡蛋和皮蛋的卤汁凉粉。妖哥说这东西本是汉族小吃，后来汉族不做了，一些回族拿来做。喜欢的是真喜欢，不喜欢的是一口也不想沾。我属于那种能吃不喜欢吃的那种人，吃了两口就放下了。邻座的两位客人一边吃着一边和店家聊着，悠扬顿挫的西安话很是好听。我喜欢这样的情景，街坊邻居配着陋巷旧店，随手调制的就是街坊熟悉的味道。离开凉粉店，我们又去吃了杂肝汤。这是一种类似北京羊杂汤的吃食，一碗浇了辣子的杂肝汤配上一个香香韧韧的馍，就是一顿香喷喷的早餐。

杂肝汤里的羊眼是这碗汤的精华。我们吃着，妖哥和老板聊了起来。一来一往的西安话让我思考这样一个问题，妖哥带我去的回民街这几个店，都是西安当地人开的，而且都是祖一辈父一辈传下来的，公私合营后中断了一些年，允许私人做买卖后，这些有手艺的人家又陆续把祖传的手艺拿出来做起了自家的买卖。手艺好，做的又是街坊生意，大致是不敢懈怠不敢马虎的，慢慢在四邻八乡做出了口碑，这样坚持下来十几年、二十年，店虽然还是那家店，名声却已越过回民街，飘到西安城了。西羊市里的那些店如是，洒金桥里的那些店也是这般。就是这一嘴抑扬顿挫的西安话，使它们与北院门回民街里那些用怪声怪味的普通话揽客的店铺区分开来，虽然招牌写的都是老字号，店主却很少是西安人，是外省人花大价钱租来门面做起了游客生意。每到周末和长假期间，北院门里是人声鼎沸，挤得水泄不通，需要警察拉起人墙才能勉强给游人、食客留出一条通道，自然生意也是极好。但对于喜欢那一口西安味道的人来讲，北院门里的东西是不如洒金桥、西羊市这些地方的。北院门里吃的是热闹，洒金桥吃的是地道。按照妖哥的说法，到了吃货的回民街，才能体会到西安的味道。

吃了一餐满族菜

今天的安排很轻松，吃两顿饭，参观一个博物馆，也许这就是旅游和旅行的区别吧：旅游总是紧张的，从一个景点赶去另一个景点，拍照游览，然后抽时间吃饭，饭食一般比较简单，粗鄙的团餐或是街边排档里都可以解决；旅行则是随心情，走也罢睡也罢，全看情绪如何，同时吃上是不能凑合的，要吃好吃的，要吃当地的特色。像我这样以吃为生的人，更是要找当地特色饮食了。好吃不好吃那是个人口味习惯问题，有没有特色则是对饮食的态度问题，要了解认识某地饮食，必须忘掉自己口味的好恶，理解当地饮食的合理性和必然性。

中午去了赵记老铺，这是一家做满族菜的餐厅。装修用了许多老物件，营造出相应的历史感。店家说做的是满族菜和东北菜，虽然没什么金贵食材，但是每一样都是精挑细选，土豆都是从黑龙江、内蒙古、云南、甘肃等地寻找最好吃的土豆，并最终选了甘肃定西的。店家做了一道土豆丝炒松茸，味道还真是不错。

在大连，土豆丝可以炒一切，在日丰园吃了土豆丝炒螺片，在品味居吃了土豆丝炒蛏子，等等，充分表现出大连人对土豆丝的理解。这些土豆丝炒各种食材的菜，味道都还不错，具体到赵记老铺强调的满族菜来说，土豆丝炒一切只能算是东北菜了。说实话，满族作为游猎民族，他们的吃食很简单，烹饪技法也很简单，烧烤炖煮为主，基本没有什么炒菜。东北菜里是有不少炒菜的，不过都可以划归到鲁菜系列，技法、调味没有跳出鲁菜的范围。这些年，烹饪行业全国性的交流借鉴很是普遍，东北菜的内容也丰富了许多。午餐中那条兴凯湖鲌鱼，用的是粤菜清蒸鱼的手法，你说它是东北菜也可以，毕竟是东北的食材，餐厅也开在山海关之外。

赵记老铺在大连算是消费比较高的餐厅，也是把东北菜卖出好价钱的餐厅。看食材没有什么特殊的，主要还是猪肉、白菜、酸菜、土豆等，但把这些食材的来历讲成故事，再加上老物件营造的古色古香氛围，普通食材也就有了卖高价的梯子。餐饮消费，有些时候在某些地方，需要为环境埋单，为故事埋单。一道菜一不留神就和皇帝、太后什么的发生了关系，你吃的就不仅仅是菜品本身了，外延出的故事和高贵来源，都是需要多付一些钱才能得到的。中午吃的多尔衮蒸肉如此，努尔哈赤发明的鹿肉拌豆芽如此，慈禧太后爱吃的熘肝尖更是如此。

陈晓卿在《菜单背后的乾坤》一文中有这样一段话：

中国美食有神话传统，几乎每一地的美食必须有一个牵强的"民间传说"，传说的主人公非富即贵，以至于后来出现这样的笑话：为了让中华美食文化底蕴深厚，祖先们也是拼了。他们开会商议：乾隆要管运河沿线美食，"当初朕下江南，突然看到……"；慈禧说晋陕小吃归她，以"太后西狩，饥渴难耐"开头；诸葛亮统领西南三省，戚继光负责东南沿海，苏东坡一生足迹甚广，正踌躇立足哪里，屈原急忙过来扯衣襟："湖北是我哒（的）！"

陈晓卿这段话虽然有些戏谑，但也真实反映了当代饮食中一些攀龙附凤的现象。有些故事说着玩就是了，要是把它当真，自己就成笑话了。虽然现在也没人深究这些掌故的真伪，但作为饮食工作者，心里还是要有点数。

到乌鲁木齐，欢乐在原膳

飞机晚点 100 分钟，落地乌鲁木齐的时候已经是下午四点多了。乌鲁木齐的天很蓝，阳光很是强烈，身上裸露的地方有烧灼的感觉。躲在阴凉地抽了一支烟的工夫，从杭州飞来的朋友到了，一起去原膳吃晚饭。

原膳是一家汉餐馆，新疆的朋友说原膳的汉餐（适合汉族人的非清真菜式）很有名气，可以说是全疆第一。老板马腾是我的好朋友，这次来新疆就是马腾组织的。他请了我和南京、上海、杭州、广州的几位朋友来新疆聚聚，吃吃新疆的水果，尝尝他做的汉餐。很感谢马腾的邀请，也真心为他高兴。虽然新疆是少数民族聚居区，饮食习惯与东部地区有很大差异，但是能把汉餐做到全疆第一，也算是了不起的成就了。

乌鲁木齐和北京有两个小时的时差，这里吃晚饭一般在八九点钟。为了配合我们几个的饮食习惯，六点半我们就吃上晚饭了，不过我们先吃的是各种水果。新疆气候干燥，昼夜温差大，有利于水果糖分的积累，这个季节又是水果大量上市的时候，自然要尝尝了。

就这样摆了一个水果塔，几种杏、几种葡萄，还有桃、哈密瓜、西瓜等，想吃什么自己动手拿就是。

吃了一轮水果之后，菜陆续上来。很多蔬菜都是原膳自己种植的，吃起来清甜可口。热菜上了很多，有一些看着比较熟悉，看来原膳学了不少名餐厅的招牌菜。这也难怪，新疆多是牧区，原本没有什么菜。原膳要做出好的汉餐，总是要学习东部地区的一些名菜，加以改造成为自己菜单上的招牌菜。地理环境使然，烹饪水平使然。其实，饮食文化的发展，就是在不同文化背景下的食物碰撞融合中丰富起来的。这种碰撞融合自古以来从未间断，只是古时候这一过程比较漫长，现在借助各种科技手段和发达的交通、信息网络，借鉴变化成为常态，并且很快就会出现在日常饮食生活中。

我们说起新疆美食，大致会想到羊肉串、手抓肉、烤全羊、馕、烤包子、手抓饭、大盘鸡、拉条子等，这些基本上都没有复杂的烹饪工艺，主要靠食材本身说话。如果说炒菜，也基本上没有什么是新疆的。新疆汉餐的菜式和汉族移民关系深厚，湖南菜、四川菜、上海菜相对较多，面条则是受河南、陕西影响较重。上面提到的这些省份，都有很多人因为各种原因来到

第 ❶ 篇 寻味儿

新疆，慢慢地也把家乡口味留在了新疆，发展变化中加了一些新疆特色，成为今天的新疆美食。

马腾兄弟把晚宴搞得很是隆重，请来了几位新疆著名的艺人为晚宴助兴。一个维吾尔族的美女弹着热瓦甫，唱了《花儿为什么这样红》，真是好听。人美歌声也美，新疆人真是能歌善舞呀。

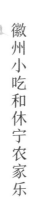

徽州小吃和休宁农家乐

在休宁吴家小苑吃过晚饭后，几个人在新安江边走了大概有 6000 步。孙兆国走得很快，过一会儿我就要紧走几步才能跟上他。这一圈走下来，晚上吃的东西消化得差不多了，回到房间喝茶写日记，居然有点想去吃夜宵了。犹豫了一下，还是放弃了。今天有点累了，也有些困了。

昨晚写完日记又和朋友聊了一会儿，睡觉时已经凌晨 2 点多了。也许是茶喝多了，睡得很不踏实。因为惦记着坐 8 点40 分的高铁，6 点钟就醒了。洗漱完毕收拾好行李，下楼去了车站，这一夜只睡了不到 3 个小时，虽然在高铁上迷糊了一会儿，但是到了现在，真的有些困了。

火车经过上饶的时候，想起了方志敏写过的那本书《可爱的中国》，小学时的课本里有，内容已经记不清了，不过还记得方志敏是关在上饶集中营的，后来也牺牲在了那里。有一年去江山市廿八都镇，看了关于军统女学员的展览，也知道了曾经繁华的廿八都衰落的原因，曾经淡忘的课本记忆，在那个时候闪过，上饶因为集中营在记忆中清晰了许多。

在高铁上没吃东西，下车后先到屯溪老街那里找了家小吃店垫补一下。几个人要了馄饨、蒸饺、汤圆、臭豆腐。臭豆腐真是臭呀！在孙兆国的鼓动下，我吃了一块，还真是外脆内嫩，闻着臭吃着香。不过我更喜欢那碗馄饨和汤圆，长途旅行之后，吃点这样汤汤水水暖暖和和的东西，肚子很是舒服，妥帖。有多好吃不一定，但绝不难吃。旅游景区的餐厅有这样的出品，价格也不贵，算是良心小店了。

放下行李到标哥那里喝茶，先是单枞鸭屎香之极品——空谷幽兰，又喝了一泡五年的铁观音。几个人喝茶聊天，意会处，哈哈笑过。

徽州，我基本每年都会来一次。前些年是看风景，这两年是为了吃。徽州的风景很美，山水民居都值得驻足欣赏；徽州是徽商的故乡，当年叱咤东南的徽商就是从这里经过新安江、徽杭古道走出大山，建立自己的商业帝国、金融帝国的。"一生痴绝处，无梦到徽州。"明代戏剧家汤显祖觉得人生的世外桃源就在徽州，白墙黛瓦青山绿水的徽州，有着太多的故事等着与人们相遇。对于现在的我来说，更期待在徽菜的故乡遇到乡间美味，与徽菜的基础构成有个美丽的邂逅。

徽州人的母亲河是新安江，因着这条江，徽州风格也被叫作新安风格，如新安画派、新安理学、新安医学、新安建筑、新安志学等。

茶喝透了，肚子也饿了。晚饭去了休宁县的一个农家乐——吴家小苑。这是当地朋友推荐的，也是当地人常去的一家餐馆。厨师、服务员和老板就是夫妻俩，旅游旺季的时候，家里的亲戚会过来帮忙。当地的朋友说，吴家小苑做的就是休宁人自家吃的味道，因为是餐馆，会有一些平时居民家里没有的食材，烧法也不讲究，典型的休宁家常菜。

今天我们点了野生小鳜鱼、溪水里的石斑鱼、农家会飞的土鸡、沟渠里抓来的鳝鱼，还有新鲜的野葱、蕨菜和金花菜。青菜就是炒，鳜鱼蒸了，其他的就是红烧。吃过之后，感觉和当地人介绍的差不多，夫妻俩没什么技艺，只是恰当地把新鲜食材做好上桌。

我喜欢石斑鱼、烧土鸡、烧鳝鱼、蒸鳜鱼、野葱炒鸡蛋和几个野菜，腊猪脚炖春笋没有咸肉炖春笋味道清鲜醇美，刀板香也没有我在徽州味道叶新伟师傅那里吃过的好吃。但是每一个菜还是把食材的新鲜度做出来了，吃着这些春天的恩物，体会到了徽州春天的味道。

家乡咸饭

这几天的晚饭，有两天是在新荣记吃的。一次是英子请我和陈晓卿、冷燕、小宽几个人，一次是英子请京城餐饮界几位大师，我也有幸忝陪末座。

菜都是英子精心安排的，当季的海鲜和时蔬，台州的家常做法，浓淡相宜，没有装饰，却也是各个好味道。郑秀生大师评价说，食材太好了，烹饪方法也恰当，朴实无华的美味佳肴。郑秀生大师这番话，可以说是新荣记企业宗旨"食必求真，然后至美"的民间精准解读。

墨鱼炒年糕，所谓鲜得眉毛都掉了也就是这盆菜了；家烧带鱼，用的是济州岛带鱼，不同的季节，肥美的带鱼出现在不同的海域；生炊膏蟹，能把蟹膏做到软糯，目前只在新荣记吃到过，对温度和时间的控制非常严格准确；家乡咸饭，台州人的日常吃食……

这些年去过很多次新荣记，北京、上海、杭州、台州的新荣记都去过了，吃过也有几十次了，不管是请朋友还是自己吃，每次都是满意而归。原因无他，就是好吃。食材精挑细选，绝不过度烹饪，呈现简单质朴，所有的关注点都汇集到"真滋味"这个焦点上。对食材季节有明确的要求，真正做到了用当季最优秀的食材做菜，把最时鲜的味道提供给消费者。家烧带鱼就是一个例证。都知道舟山带鱼最美味，可是在这个季节却是黄海靠近济州岛附近的带鱼最为肥美，因此新荣记的带鱼菜肴就使用济州岛带鱼。

主食家乡咸饭不仅是台州人家里常见的吃食，也是早春时节最应季的饭食。在台州，家乡咸饭是种植早稻时的代表饭食。这个时候北方还是天寒地冻，田野一片苍茫，位于浙江中部沿海的台州却已是早春时分，满目新绿了。咸饭中的春笋、蚕豆、老豌豆、小土豆也正是这个季节的时鲜，这些时鲜加上咸肉和猪油，与冬米（台州人做咸饭的米是糯米，收割后吹上几天，让西北风吹走水分，这样的糯米叫冬糯米，也叫冬米）一起煮，煮到水干了，土豆软烂，蚕豆酥糯，油脂和米饭紧密渗透融合，与砂煲接触的米粒稍稍起焦就是一份好的咸饭了。上桌时撒上切碎的春韭，既能提香，翠绿的颜色又能让咸饭充满春天的气息。

吃着这碗饭，牛金生老师说，要是有老北京那种没见过阳光的黄中发白的嫩韭菜撒上去，味道就更美了。只是那种韭菜是洞子货，小时候在菜市场见过这种韭菜，真的是很多年没有见过，更别说吃过了。吃着撒上南方新韭的家乡咸饭，在盈香满口的愉悦中，想象一下牛金生老师说的那种一两根就能香满包房的嫩韭滋味吧。

老菜就一定好吗

六一儿童节，我是在大吃大喝中度过的。节日不节日的无所谓，朋友总是要聚聚，聚聚总是要吃吃喝喝的，只不过这天是六月一日罢了。

厦门卖酱油的颜靖来京，霍爷在懂事儿请他吃北京菜，叫我一起过去。要说认识酱油哥很久了，第一次在厦门和他一起吃饭的时候，他家木爷还在妈妈的肚子里，转眼几年过去了，午饭时见到木爷，已经是六岁的学龄前儿童了。

认识霍爷也有几年了，平时在一些活动上见过，同桌吃饭还是第一次。霍爷把吃饭的地方选在懂事儿，我大致也能体会他的用心。厦门来人，海鲜就别和人家聊了。让懂事儿的甄师傅做几道北京老菜，皇城根下吃点北京风味，又是名师亲制，风味和场面都做到了，霍爷这局组得牛。

虽然生在北京长在北京，但是霍爷安排的这桌菜真有几道没吃过，有一道听都没听说过。看着这桌菜、吃着这桌菜，听霍爷讲这桌菜，收获真是不小。

芙蓉鸡片是道传统菜，鸡胸肉打成蓉，和鸡蛋白打匀，在温油中氽成大片，然后捞出放入调好的玻璃芡中。这道菜，费时费力要功夫，原材料简单易得，因此卖不出好价格，很多餐厅都不再做了。按照霍爷建议做的鸡里蹦也是传统菜，鲁菜的底子，主料是鸡肉和虾仁，这次加了辣口。

桃花泛是康乐餐馆的名菜。我小时候，康乐餐馆在首都剧场南边不远的路东，20 世纪 70 年代末期搬到了交道口十字路口北面路西那里。甄师傅在康乐餐馆做过很多年，学会了这道菜。霍爷说这是道福建菜，可是我怎么都觉得这就是酸甜汁浇在锅巴上的淮扬菜呀。1936 年，陈立夫在南京搞过一次全国大赛，最后得第一名的就是这个类型的锅巴菜，菜名叫"平地一声雷"。抗日战争全面爆发后，这道菜又有了新的名字叫"轰炸东京"，在四川酸甜口改成了咸鲜口，三鲜锅巴由此诞生。三鲜锅巴偶尔还能吃到，桃花泛这样口味的菜却很少有人做了。

京葱炒羊肉丝很好吃。京葱炒羊肉片经常吃，大董那里的葱爆羊肉用的滩羊肉味道很赞。这回葱丝和肉丝的搭配是第一次见，霍爷说这也是个老菜，夹在荷叶饼里，吃起来味道不错。

西葫芦炒羊肉片，这个可以说是北京比较有名的巷间菜了，也就是家常菜，胡同里大妈也会做的。我更喜欢里面的西葫芦。这样炒我没试过，但是羊肉西葫芦馅的饺子我是做过的，特好吃。

酱爆肉丁，霍爷让厨师用糊给肉丁裹了层壳，吃起来酱香浓郁，口感奇特。

炒腰骚，吃这道菜时我犹豫了很久，最终还是吃了两块。猪腰子里的骚筋，那该有多味呀！霍爷说这是一道厨师菜，过去厨师处理猪腰子时，取下骚筋存多了就炒给自己吃。也许有人好这口，但我实在是享受不了。

炉肉烧白菜，这个我喜欢，太熟悉的北京口味。炉鸭丝炒掐菜粉丝，这个也好吃，升级版就是把粉丝换成鱼翅，但现在只能是粉丝了。掐菜脆嫩，粉丝入味，才算合格。甄师傅做得不错。

过桥面也是康乐餐馆的老菜了。按照常静大师的说法，早年间康乐餐馆做的菜比较杂，鲁菜、闽菜、淮扬菜、粤菜、云南菜都做过，过桥面就是从云南过桥米线演绎过来的面条版。做法一样，就是辅料比讲究的过桥米线少了一些。

这顿饭一边吃一边听霍爷讲，吃得开心，听得更是津津有味。虽然有的菜我接受不了，但是真的学到了不少东西。

这餐饭的后半段，我脑子里不时闪现"与时俱进"这个词。社会在发展，生活水平在提高，我们吃的东西是不是也要"与时俱进"体现出当代、当下的水准呢？由此推论过去，传统菜的继承与发展是不是也要"与时俱进"呢？再往下说一句或者是问一句，传统菜就真的那么好吗？就我个人的感受来说，不一定，传统菜不一定比当下的菜好。

　　就这一桌传统菜来看，有些菜做不做于今天来讲根本无所谓了。传统菜的制作讲究技术，同时讲究调味，今天吃的这桌菜确实需要很好的技术，同时这桌菜调味的痕迹也很重。厨师往往把这种用调味压本味、改变本味的技法着力使用，以此证明自身功力。但是这不符合现代人的饮食观念，更不符合健康饮食理念。那道酱爆肉丁我怎么觉得就是本末倒置呢？肉丁挂了糊，有了一个脆口的外壳，吃起来倒真是酱香浓郁。可是我要吃的是肉呀！肉香去哪里了？有了脆口有了酱香，更应该有肉香呀。应该如何对待传统菜，如何继承传统菜，我觉得无论如何都是要与时俱进，跟上社会发展的步伐。

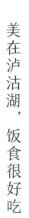

美在泸沽湖，饭食很好吃

　　起床的时候，翠湖那边还是黑蒙蒙的。已经六点了，昆明的天怎么还不亮呢？在乌鲁木齐的时候，那里比北京时间晚上两个小时，六点的时候天也大亮了，昆明没有那么大时差，天色却是黑蒙蒙的。看来只有纬度的原因了，北半球夏季经度差不多，地区纬度越低，天亮得就越晚。

　　围着湖边散步，天色慢慢亮起来，站在湖心的桥上时，彩霞已经在天边出现了。昆明的气候很凉爽，走了一圈居然没有出汗，想到北京 30 多摄氏度的气温，昆明实在是太舒服了。

　　8 点 45 分的航班飞往宁蒗，落地后当地的朋友接上我们去吃饭。在一个只接散客不接团餐的农家乐门前停了车，下车喝茶聊天等着上菜。开车的司机是个摩梭帅哥，闲不住去钓鱼，说是钓上来中午就吃了它。

主人抓来一只鸡，问我们是炖还是烧，我们异口同声地说："炖"。主人笑笑转身去了厨房。没过几分钟，摩梭帅哥拿着一条通背金黄的草鱼过来，十分钟内钓到的，问了和主人同样的问题，我们依然决定炖了喝鱼汤。

农家乐离泸沽湖还有一段距离，只是摩梭帅哥说这里做得好吃，才让我们放弃先去酒店休息的打算。坐在农家院棚子下面，天高云淡风清气爽，在这里喝喝茶聊聊天发发呆就已经很享受了。

菜上来了，先是一煲鸡汤，土鸡剁成小块，炖得极香，未到桌上香味就飘过来，瞬间感觉到饿了。用鸡汤调好蘸水，迅速开始了喝汤吃鸡的忙碌。真是好吃，没有想到农家乐的炖鸡居然这么好吃，让我们一通忙活，喝了两碗汤吃了几块鸡之后才踏实下来。这时鱼汤又来了，依然是先喝汤再吃肉。鸡汤和鱼汤的美味超出了我对所有农家乐的想象，真没想到这家农家乐居然有这么迷人的滋味。所谓不接团餐只接散客的底气，也就是因为自信自家的味道超群吧?

宁蒗的土豆好，那就要个土豆丝吧，虎皮皱皮椒也是下饭的利器，农家老腊肉滋味厚……吃完这顿超出意料的午饭后，坐车去酒店。观景台那里人太多，照相都是莫名其妙的合影，索性放弃。酒店就在湖边，正好修路车进不去，游人也少，可以踏实自在地欣赏湖景。泸沽湖美不胜收，山、水、天色彩丰富，景色时有变换。坐在湖边喝茶看景，人生乐事不过如此。

和摩梭帅哥聊天，询问了大家都关心的走婚细节。摩梭帅哥说，别听那些什么门口挂镰刀的说法，摩梭走婚小伙子是从窗户跳进去的。而且也不是随便走婚的，两情相悦才可能走婚，没有分手（缘分未尽）前，都是一对一的走婚，不是随便走婚的。这里感情还是走婚的基础，没有感情是不可能走婚的。走婚有了孩子，男方要到女方家送锅桩礼的。来泸沽湖旅游，好好看看风景就是了，千万别做什么走婚的梦。

晚饭吃了蒸汽石锅鱼。点好菜，店家先用蒸汽烫洗一下石锅，放鱼下去，再放汤，盖上草编的锅盖，然后打开蒸汽加热，不一会儿，热气带着香味就出来了，鱼再滚一会儿就可以吃了。主食是洋芋玉米粒焖饭，浇点鱼汤，吃几口青菜，这餐饭又吃美了。

泸沽湖景色美丽，泸沽湖的饭菜挺好吃。没想到旅游景点的餐食这么好吃，更没想到价格还很便宜。

白天鹅的精彩

走到玉堂春暖门口时，咨客微笑着问我："您有订位吗？"我说，是梁师傅给我留的位子。咨客愣了一下，随即笑了："哦，宇哥留的。"

咨客口中的宇哥叫梁健宇，白天鹅宾馆行政总厨，敦厚帅气的广州人。认识梁师傅是在 2012 年年底，那时候我们在北京西山的一个会所里拍摄《中国味道》春节特别节目，大董先生和周晓燕先生各带一队，倾情演绎南北大菜。梁师傅是大董代表队成员，期间他做了一道鸭汤泡饭香溢四座，引得摄像师放下了肩上的机器，先去吃上一碗。香气弥漫的狼吞虎咽中，梁师傅站在摄像机后面笑着。

与广州的朋友聊起在羊城去哪里吃粤菜的话题，各路英豪自然都有自己心仪的酒楼餐馆，在这些老饕们认可的好食之处的名单里，白天鹅的玉堂春暖总是名列其中。理由嘛，也很简单：传统菜式，经典呈现。于是，只要去广州，我总是要去白天鹅，一是要见老朋友，二就是吃顿饭。女儿回国过暑假，带她去广州看望外公外婆，正好可以和她一起去白天鹅吃饭，让她好好记住白天鹅的中国味道。

葵花鸡，可能是目前广州市里能吃到的最好吃的白切鸡。这鸡原本养在葵花园里，被前白天鹅宾馆副总经理彭树挺先生发现、发掘出来，成为广州名鸡。其他酒楼可能也有，但味道最好的还是在白天鹅。

白卤水掌翼香茅草乳鸽，这道菜也叫"利老香茅乳鸽"，是 20 世纪 90 年代在白天鹅服务的利树钧师傅研制的。用香茅解乳鸽的腥气，让乳鸽有了自然的清香。

八宝冬瓜盅，料很足，汤水清，鲜味足。还有蟹粉柚子、陈皮蒸白鳝、虾子烧辽参、生炒糯米饭等，女儿吃得很开心。粤菜与她亲近不多，在北京的时候很少吃，在美国没得吃，只有到了广州，才吃到好吃的粤菜。女儿满意我就更满意了，记住好的味道，等于记住了家乡，记住了亲人。还是那句话，你吃什么就是什么人。

白天鹅粤菜的精彩，来自厨师深厚的功力。宾馆成立以来，有多位大师在这里服务。在白天鹅，和梁健宇师傅一样从厨工龄 30 年左右的员工有近 50 人，从而保证了白天鹅的品质。

第❶篇 寻味儿

1. 香茅乳鸽

2. 虾子烧辽参

3. 陈皮蒸白鳝

同时，老师傅爱店如家的奉献精神也为后来者树立了很好的榜样。利树钧师傅执着于香茅草在菜品中的使用，做了各种尝试，蒸炸煮炖，或做香料或做腌汁，多番试验后，才创制出"香茅乳鸽"这道菜肴。

梁健宇师傅还告诉我这样一个事情：一个老师傅已经过了退休年龄，因为觉得自己还有些心得没有传给员工，便延迟退休继续工作。前段时间，老师傅痛风犯了，领导劝他歇几天，可是当时宾馆接到外事任务，还要派人到墨西哥表演，厨房里人手明显不够了，这位老师傅就忍着病痛每天坚持上班，坚持在点心制作的第一线。要知道白天鹅的早茶是未开门就排队，一直到午餐的，这样大的劳动强度，老师傅不仅坚持下来，还要求员工们一定要认真做好每一道点心。所谓匠心，就是对自己工作的热爱与坚守，对自己手艺的信任与执着。也正是有这样的匠心存在，才造就了白天鹅的辉煌。

我喜欢白天鹅，更敬佩师傅们的敬业精神。

烤乳猪和广州酒家

20 世纪 90 年代初期在广州生活的那几年，女朋友经常会带着我去上下九那里吃肠粉。女朋友说，广州的肠粉只有西关那里的最地道，要想吃地道的广州味道，只能去西关。大概是受女朋友的影响，我还真觉得西关的肠粉好吃过东山那边的，更不要说我住的动物公园那里几间小铺的出品了。

在西关排档吃完肠粉后，我们会去上下九、人民南路或是六二三路、沙面闲逛，那时很喜欢黄爱东西老师写的文章，尤其是老城市系列中的《老广州》，从那本书里，知道了"西关小姐""东山少爷"，知道了上下九是广州生活的典型代表。20 世纪 90 年代，正是粤菜风靡全国的鼎盛时期，生猛海鲜粤厨主理的招牌挂遍了全国城市。广州是粤菜的大本营，有很多粤菜老字号，上下九那里就有陶陶居、莲香楼和广州酒家。不过那时口袋里没有几个钱，不敢去老字号里吃大餐，偶尔会去吃个早茶。

这几家里去过最多的就是广州酒家了。去这里一是因为它的名气大，每天都有很多广州茶客一早排队等位子。广州人喜欢去的地方，我这个外地人本着傻子过年看街坊的道理，跟着明白人就是了。二是没到广州之前，就吃过了广州酒家做的月饼。白莲蓉蛋黄的广式月饼，对于只见过硬得像砖头一样的北京自来红、自来白月饼的我来讲，无疑就是至上美味。因月饼而知道广州酒家，到了广州有可能还是要去一下的，多少有些朝圣的意思。

这次到广州为闫涛兄的美食纪录片《知味》客串出境，其中一站就是在广州酒家品尝他们的传统粤菜。大概有二十多年没有来过广州酒家老店了，看到这熟悉的场景，仿佛回到二十多年前在广州的那些日子。在这里拼桌喝早茶，在上下九溜达吃小吃，转到白天鹅去吃冰激凌，然后顺着沿江路走到天字码头坐船到中山大学，再穿过校园到赤岗，最后回家。

宴席以酒家的招牌点心虾饺开始。对于广州酒家的点心，老广州人都有一份情怀。彭树挺老师和我说了这样一个故事：20世纪70年代初期，广州人到广州酒家吃早茶就开始排大队了，每天开门食客蜂拥而入，经常有人挤掉拖鞋，广州酒家因此准备了一个人专门捡拖鞋。后来为了避免这种现象，就让一个员工拿着领袖画像在门口等着。门打开后，员工举着画像前面领路，客人看见只好放慢脚步，跟着服务员往里走。我有些纳闷，那个时期广州人就这么有钱？

广州大席面一定要有烤乳猪，广州酒家的烤乳猪在广州城名气极大，大致可以说是广州城里首屈一指的。烤乳猪是道中国传统名菜，周朝的时候叫"炮豚"，南北朝时期的贾思勰在《齐民要术》中对烤乳猪的描述是这样的："色同琥珀，又类真金，入口则消，壮若凌雪，含浆膏润，特异凡常也。"近代以降，这道菜在广府和香港发扬光大了。广州的厨师说，这道菜在传统技法的基础上吸收了西班牙烤乳猪的一些技法。根据陈晓卿考证，中国的乳猪指的是小猪，西班牙的乳猪是真的还在吃奶的猪。两者的口感、味道还是有所不同的。烤乳猪，最早是光皮，也就是猪皮是光滑油亮的。而这几年在广州基本都是做成麻皮，麻皮可以让乳猪皮更为酥脆，吃起来口感极佳。彭树挺老师说，光皮乳猪把皮做到酥脆很需要下功夫，麻皮会容易一些。但是做到广州酒家这般水准也是不容易的。

一般的烤乳猪上桌都是趴在容器里，斩件的盛在盘子里。这次在广州酒家吃的烤乳猪"站"起来了，不仅站了起来，而且肚子里还藏着八宝饭。酒家的服务经理介绍说，让乳猪站起来是他们的一个创意，站立的小猪向前拱手，表示欢迎大家。站起来就不能是那种开腔破肚的样子，因此猪肚子里面加了八宝饭，样子圆滚滚的很可爱，同时又做到了一菜两吃。

为了满足好奇心，我进厨房去看师傅现场操作。师傅姓阮，在广州酒家工作多年了，每年经他手烤制的乳猪有 10000 多只。阮师傅说，广州人结婚、寿宴、拜山时都要用到乳猪，没有乳猪就不算大席面。黄爱东西老师告诉我，新娘三朝回门，礼物中有没有乳猪很重要。有，证明新娘子是姑娘嫁过去的，说明女孩家教好，守规矩；没有乳猪回门，说明女子在婚前已经不是姑娘了。过去的旧规矩真是陋习，用食物来打脸。

时代进步了，烤乳猪的好意头在延续，只是不再用它来证明清白了。

在建业酒家见识传统潮州味道

　　航班又晚点了。查了一下原因，说是北京天气不好导致航班小面积延误。这个"小面积的延误"的时间是 120 分钟，16 点的航班 18 点登机，到北京估计就要 21 点多了。App 上说这个航班历史准点率 33%，平均延误 112 分钟。写到这里，空姐广播让旅客下飞机回到候机室，飞机可能在 21 点起飞。我的天呀！回家的路怎么这么艰难。

　　19 点的时候，广播让乘客去吃延误餐，我坐在休息室里不想动，整理中午吃饭时拍的照片。照片上那些吃食虽然引出了饥饿感，但也因此更加拒绝延误餐了。忍忍吧，回北京再吃。

　　今天一早，老孙回上海了，阿健去香港了，松彬也走了，标哥怕我寂寞，9 点的时候接我去吃早餐。要了一碗加卤肉、卤蛋、卤大肠、炸豆的粿条，开始没觉得怎样，吃到一半时觉出好了。标哥说，这家店做了三十多年了，店主从小媳妇做成了老阿姨，卤味都是阿姨老公做的，周边的人都喜欢。我也是把卤汁和粿条拌匀后才体会到香味的。一碗卤味粿条料不少，吃完也就饱了。

饭后开车在汕头市区转了转，街景提不起兴趣，索性去标哥那里喝茶。一泡老班章、一泡老八仙过后，肚子里空了，正好午饭就能大吃大喝了。

标哥知道我喜欢建业酒家的菜，中午的送行宴就去了建业酒家。先在纪总的茶室里聊了一会儿，趁机又喝了一泡单枞鸭屎香，随后去吃饭。纪总说，今天就做六个小菜，尝尝味道，好吃的话以后常来。

咸膏蟹上来时，我刚要伸筷子被纪总拦下了。纪总说，潮州人送客，要先吃甜的，要的是甜甜蜜蜜的，来去从容。这是一番好意头，我只能忍住馋虫等着甜汤。

咸膏蟹，汕头建业酒家出品。生腌海鲜的经典菜式，蒜米的香味是点睛之笔，关键要把控好温度。无论蟹肉还是蟹膏，都是无上美味。

甜汤来了，老陈皮炖鳖（mǐn）肚公。这哪里是什么小菜呀？鳖肚公放在哪个餐厅都要在大菜系列里的。冰糖的甜，老陈皮的醇厚香气配合着鳖肚公黏韧的口感，吃到了好东西，也体会到了朋友深厚的情意。

焗大沙虾，这里又用了蒜头，纪总对大蒜的使用看来很有心得。这道菜很好吃，纪总强调了一下这道菜的关键点：不是把虾肉的味道调（diào）出来，而是要把虾皮的鲜调出来。也许这就是潮州菜的精妙之处。

葱油鱼片汤，用的是龙趸（dǔn）鱼，葱油味道调得好，鱼肉脆爽，汤水鲜美。汤鲜，大地鱼干不能少。

红蟹煮苦瓜，特别好吃，入口难忘。这几块苦瓜的味道实在是太美了。所谓苦尽甘来，所谓微苦回甘，说的就是这道菜，而且还特别鲜特别美。

潮州粽子，双味的，甜咸双拼。吃着顺口，一不留神就吃了一个。

这次到汕头，见识了不少潮汕美食。以前在不同的地方也吃过很多次潮州菜，真正对潮州菜有了兴趣、有了感觉，还是因为近几年多次的潮汕之行，认识了张新民老师，认识了林贞标先生，去过东海酒楼、潮菜研究会、富苑饮食，吃过林贞标的家宴，喝过夜糜，吃过街边的粿条，也发过一些和潮州菜有关的议论。今天看来，我以往对潮州菜的认识理解，基本上停留在表面上。这一次的汕头三天，我见识了传统的潮汕味道，听高人讲解、讲述了潮州传统菜，这次学习的收获与以往获得的经验结合对比，我对潮州菜的了解比以前深刻了许多。真心感谢建业酒家纪总的款待，在那里吃到了，更学到了。纪总对清淡的解释，对创新路径的观点，对我有着极大的启发。

澳门味道与永利皇宫的几顿饭

告别了国家地理"风物之旅"的小伙伴们，匆匆登上飞往澳门的飞机，两个小时的飞行，落地澳门时，已是一片灯火辉煌。

此次来澳门，是参加由闫涛老师主导的、澳门永利皇宫赞助的，一部展现澳门美食的纪录片《濠江味传》的发布会。这部片子有五集，比较全面地介绍了澳门美食的丰富多彩和传承流变。这件事以前没有人做过，闫涛老师此举可谓功莫大焉。

发布会开始前接受了一个采访，让我谈谈对澳门美食的印象。在我看来，澳门面积只有 32.8 平方公里，多数是华人，华人又以珠江三角洲一代后裔为主，因此澳门饮食最主要的风格还是粤菜了。但是葡萄牙自从 16 世纪进入澳门，到 20 世

1. 锦绣冷菜拼盘
2. 樟茶脆皮三黄鸡
3. 香糟花蟹龙虾球

纪末才离开，因此澳门饮食中葡国菜的印记还是很重的，而且澳门的葡国菜还有本土葡国菜和葡国菜之分，同时东南亚风味在澳门也有一席之地，因此"兼容并蓄、各自精彩"可以说是澳门饮食的特点吧。

到澳门的当晚，虽然已经是午夜时分，但我们还是享用了永利皇宫的生蚝盛宴。主厨告诉我们，由于时差的关系，这些法国生蚝是刚刚运到就上了餐桌。他们所做的，就是要把最新鲜美味的食物提供给客人，把澳门的优势与便利通过食物表现出来。

在澳门美食纪录片《濠江味传》发布仪式上，陈晓卿老师调侃说，平时都是他做导演，这次他出镜做探访者，为大家介绍澳门美食，以颜值换取收视率是他的一次尝试，希望能够赢得观众。陈老师的话让全场开心地笑了。我在朋友圈里说："眼前一黑，黑蜀黍（对陈晓卿的戏称）来了。"陈老师的同事看到后说，这句话可以成为一个成功的文案，我继续解释说：现在"黑蜀黍"已经是一切美好的代言人了。所以遇到一切值得赞美的事情，都可以用这一句：眼前一黑。

发布活动上有个论坛，主办方邀请陈晓卿、张新民、闫涛、米夫和我聊聊濠江味道。陈晓卿老师说，澳门饮食在融合变化的同时，还有很多餐厅很多风味保持着原来的面貌，可以让探访者清晰地看到澳门饮食发展的进程与脉络。变与不变的两端，陈老师更关注不变的那一端，像一个人类学家一样，解读澳门饮食的前世今生。澳门面积虽小，但是却以宽阔的胸怀让那些风味有价值有尊严地存在着，正是这些存在让澳门饮食以其独特的气质，赢得了联合国教科文组织确认的"世界美食之都"的美誉。

我觉得饮食上，变是常态，不变只是相对的。只是这种变是缓慢发生的，往往没有人注意到，等到成为新的流行，人们才发觉新的菜式和记忆中的不一样了。因此不变只是数学中的"∞"（无穷大），现实中是不存在的。饮食及其文化，就是在不同风味风格饮食的交流、碰撞、融合中发展丰富的。这一点在澳门饮食上反映得尤为明显，本土葡国菜的产生和存在、东南亚风味的进入，都是变化的结果。

这些说的都是理论，体会澳门美食的妙处还是要去吃的。这次由于行程紧迫，只在永利皇宫品尝了京川鲁粤大菜、日料法餐，未能更多地品味澳门美食的丰富多彩，只好留待以后再去弥补了。

前两天，我在日记中曾写过这样一段话，拿来用作本文的结尾："世界历史上，食物的交流一直都在以我们不曾注意的方式频繁发生着，这种交流借助着贸易、移民、迁徙等方式，影响并丰富了我们的生活。"

墨尔本的咖啡馆

墨尔本人的周末是闲适自在的，早上九点多，著名的ST ALI咖啡馆里就座无虚席了。一个人或是几个人、一家人围坐在桌子边，聊着天，喝着咖啡，吃着丰盛的早餐。反倒是我们这些旅行者，除了要吃早餐外，还要采访咖啡馆的主人萨尔瓦多，深入体会墨尔本的咖啡文化，了解为什么咖啡会在墨尔本成为人们生活中不可缺少的内容，成为墨尔本人生活方式的重要组成部分。

去年曾在这家咖啡馆吃过早餐，一年后再来墨尔本ST ALI咖啡馆，生意一如既往的好。老板萨尔瓦多是意大利人，对咖啡以及咖啡消费文化有着自己的理解。在墨尔本，移民文化影响下的饮食融合趋势，让萨尔瓦多意识到像对待红酒那样对待咖啡，将是未来咖啡消费的重要形式。于是，在ST ALI咖啡之外，他又开了不同形态的Sensory Lab（感言）咖啡，适应墨尔本这个城市消费层次的多元化，消费理念的个性化。

了解并解析萨尔瓦多的理
念,对中国餐饮业有着很好
的借鉴作用。

ST ALI 咖啡馆里除了咖啡，还有各种吃食，周末睡过懒觉后起床过来，喝一杯咖啡提神，要一份菜品就把早餐午餐一并解决了，这是一种简单有效且性价比高的美味早午餐。老板推荐了一个由蔬菜、鸡蛋、奶酪、培根和面包组成的菜式，吃完感觉好饱，中午真的不用吃饭了。

著名旅行网站 booking.com 2014 年的一项调查表明，墨尔本已经超越罗马、维也纳、悉尼等城市，成为世界上提供最优质咖啡的城市。20 世纪 50 年代，二战结束后大量欧洲移民拥入墨尔本，尤其是意大利人的进入，让墨尔本人对咖啡有了新的认识。虽然澳大利亚本土并不适合咖啡的生长，但这不妨碍墨尔本人对咖啡的喜爱，以及对咖啡豆原产地的挑剔。他们在加工烘焙咖啡豆时融进了各自的理解，产生了不同的加工方法，随之而至的是咖啡师冲泡方法的不同，让咖啡在墨尔本呈现出不同的芳香。如今，墨尔本有很多烘焙咖啡豆的工厂，为咖啡馆提供着不同特点的咖啡。很多咖啡馆本身就是前店后厂的经营方式，重视生豆品质和独特的烘焙手法，成为这些店家在墨尔本扬名立万的法宝，也正是这样的百花齐放，成就了今天墨尔本咖啡文化的辉煌。墨尔本的咖啡师连续几年在世界比赛中获得好成绩及总冠军，吸引世界各地的咖啡高手来到墨尔本学习、开店，这就是墨尔本咖啡文化辉煌的最好证明。

多民族、多种族文化融合让墨尔本城市文化中创新变革的因子极为充分，从流行趋势中寻找个性表达，让自己的脚步走

在流行趋势的前头，大概就是墨尔本的咖啡师孜孜不倦的追求。强调像对待红酒那样对待咖啡，就是将个性赋予了时尚元素，而时尚必然是要流行的。红酒中对葡萄品种的选择，对葡萄产地的选择，对酿制手法的解析，对温度湿度的调整等方法，同样可以运用到咖啡的生产制作当中，也由此可以产生更多风味的咖啡，以满足不同种群不同阶层消费者的需求。不同文化的碰撞与融合产生了新的需求，为创新者贡献了创意的源泉，同时也为创新产品提供了广阔的市场，墨尔本成为咖啡文化多样性展现的百花园。走进墨尔本的咖啡馆，不仅能看到墨尔本人的惬意与闲适，更能感受到墨尔本人的创意无限，咖啡馆是进入墨尔本灵魂一条有效便捷的通道。

ST ALI 咖啡馆里除了咖啡，还有各种吃食

　　维多利亚女王市场里的咖啡馆，清早就有许多人排队买咖啡。咖啡师紧张忙碌却又有条不紊地制作着每一杯咖啡。服务员把客人要的咖啡类别写在纸杯上交给咖啡师，不一会儿，一杯香喷喷热腾腾的咖啡就送到客人手上了。对于咖啡师来说，他们不仅是在制作一杯咖啡，更是在创造一种文化。有针对性的个性化满足，正是今天墨尔本咖啡馆盛行、咖啡文化丰富多彩的物质基础。

墨尔本万寿宫食记

感谢澳大利亚维多利亚州旅游局的精心安排，这一天的正餐安排我们去了墨尔本有名的中餐馆万寿宫。

米其林餐厅评价体系目前还没有进入澳大利亚，因此澳大利亚目前还没有一家米其林餐厅，但是这并不能说明澳大利亚没有好的餐厅。抛开米其林餐厅评价体系，澳大利亚人用厨师帽的多寡来评选他们心目中的好餐厅，同时，法国旅游署搞的 LA Liste 世界 1000 家杰出餐厅评选，澳大利亚也有餐厅入选，万寿宫就在 LA Liste 榜单上。

万寿宫开在一条不起眼的小巷子里，能有三顶厨师帽，说明它在美食评论家心中的地位。资料介绍说，万寿宫的英文名叫"Flower Drum"，也就是花鼓的意思。店家是想通过他们的菜品和服务达到传播中国元素的目的。本以为墨尔本华人众多，有很多粤港澳地区的移民，粤菜餐厅应该具备很好的水准，但是品尝之后，我失望了。

如果套用米其林餐厅评价标准，这将是一家三星级的餐厅，是值得特意前往品尝的餐厅。也许这是基于外国人对中餐理解的评价，而作为一个中国人，一个以吃喝为职业的饮食工作者，万寿宫的品尝体验却是让我非常失望，也许可以用沮丧来形容我的心情了。外国人说"万寿宫也许是中国境外最好的中餐厅了"，在我看来，这个判断谬误至极，在东南亚、在北美，甚至在悉尼都有比它好的中餐厅。也许万寿宫的环境与服务都属上乘，但是到了具体的菜品（至少是我们品尝的那几个菜）真是乏善可陈，甚至有些糊弄的成分在。

干炒牛河的河粉一团团地粘在一起。我问大堂经理这是牛河吗？他说是。我又问怎么会是这样？他说我们的牛河没有用河粉，用的是肠粉。虽然河粉、肠粉都是米浆做的，但是它俩是一个东西一个吃法吗？这在粤港澳任何一个排档都不可能出现的混淆，居然可以在一家"可能是中国境外最好的中餐厅"里堂而皇之地端上餐桌，难道名气大了就可以有这样的霸权吗？

干炒牛河是粤菜讲究镬气的经典菜式之一，成品应该是油润亮泽、牛肉滑嫩焦香、河粉爽滑筋道、盘中干爽无汁、入口

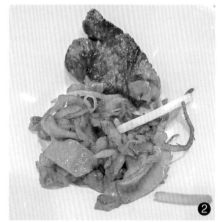

1. 虾饺还是不错的
2. 干炒牛河的河粉一团团地粘在一起

鲜香味美。但是在万寿宫的这盘干炒牛河中，这些明显的特点是一项也没有。有人说我过于苛求，可是你知道这是一家拥有三顶厨师帽的餐厅呀，理论上每一道菜都应该传承有序精益求精呀！

蟹肉鱼肚羹在我看来也不合格。他们大概是觉得外国人不懂鱼肚是个什么东西，所以这里用的鱼肚是鱼肚中最差的一种，不仅腐肉没有处理干净（鱼肚上还有红色腐肉），这也导致了成品没厚度，不粘唇，汤羹还略有腥味。小米判断火腿用得不好，用的方式也不对。穷尽了对顶级餐厅的诸般想象，我也无法理解这样的菜式是一家有着三顶厨师帽的餐厅的出品。虾饺还是不错的，虾仁鲜韧脆甜，澄皮的韧度再好一点就完美了。鲜鲍鱼配粉皮的鲍鱼很鲜，处理得也好，但粉皮的酱汁和鲍鱼汁有些冲突，味道感受有些混沌。支竹羊腩煲的羊肉真好吃，配的腐乳酱略咸了一点。叉烧肉肉质很好，但酱汁不是自己熬制的，用的是李锦记的酱料调配成的。

一顿饭吃下来，小菜还算精彩，服务也算周到细致，环境温馨雅致，可是要价钱的大菜却让人失望。此次墨尔本之行去了很多家餐厅，万寿宫是官方安排的唯一一家中餐厅，相比于那些西餐厅的出品，个人感觉万寿宫的菜式缺乏认真的态度，有些敷衍了事。这样的出品别说有几顶厨师帽了，在我看来与一家好餐厅还有很大的距离。在澳大利亚，厨师帽的颁发与评定，基本上是对照米其林餐厅标准的：一顶厨师帽是值得造访的餐厅，在同类餐饮中脱颖而出；两顶厨师帽表示厨艺非常高明，是值得远道拜访的餐厅；拥有三顶厨师帽不仅享有评定中的最高荣誉，更被评为值得特地安排一趟旅行而去造访的餐厅。如果按照这样的标准要求，我们这次品尝到的万寿宫，我是不会再去那里吃饭了。

法国小餐馆 Le Bistroy

　　以前到欧洲，总是会出现吃饭的问题。不是吃不饱，也不是吃得不好。自由行出来，去哪里吃都是自己决定的，一般都要选取有特色的餐厅，吃所到地区的特色菜。所谓"出问题"，是因为我的"中国胃"，基本上三天西餐之后，就有些厌倦了，心里想，嘴里想，胃里更想来点中国味道的吃食，至少也是亚洲味道吧。记得去阿尔巴挖白松露那次，几家米其林餐厅吃过后到了米兰，大董先生又订了一家米其林餐厅。在前往的路上，我和徐小平老师看到一家门口用中文写着"上海小笼包"的餐厅，就毫不犹豫地离开大部队，冲进餐厅里吃了一笼小笼包、一碗辣酱面，还有一份煎饺。简单的中国味道安抚了我们的渴望，终于有力气继续在米兰闲逛了。

　　这次到法国的几天里，没有吃过中餐，只是在巴黎吃了两顿不靠谱（用"不喜欢"可能更合适）的亚洲风味后，还是觉得直接吃西餐（法餐）比较靠谱，至少到现在胃还没有提意见，

这家法国小餐馆的几道菜做得有滋有味

所吃过的法餐都还喜欢。不知道这次是吃得对了还是我的胃逐渐适应了西餐的奶油和奶酪，总之我是喜欢上了法国的饮食。

在凯唯尼亚克的晚上，蚝场主人夫妇带我们去镇里的一家餐馆吃晚餐。八点多的街道上已经没有什么人了，路易斯港也是静悄悄的，只有偶尔驶过的汽车给安静的街道增加一点动静。十分钟的车程，餐馆到了。

餐馆开在一栋老房子里，门口的水牌上写着当日推荐菜，看价格不算贵。记事板上说的是什么我也不知道。餐厅开在小镇上，面积不大，厨房设在地下室里。餐馆的前半部摆着许多酒，一般在 8 欧元左右，五六欧元的也有不少，最贵的一瓶锁在酒柜里，标价是 850 欧元。来的基本上是周边的客人，餐厅服务员和那些吃饭的客人都很熟，一边服务一边聊着。也许是开在小镇上，也许是来的都是熟人，这家餐厅的菜单只有法文没有英文，好在店员可以讲英语，我们对着法文的菜单用英语点了菜。

几道菜做得有滋有味。虽然是家小餐馆，可大家吃得很开心，出品获得了大家一致的赞扬。专写奢华酒店评论的 Coco 说，这家餐厅的出品不亚于广州深圳五星级酒店里西餐厅的水准，如果刻薄一些地说，和这家餐厅的出品相比，真不敢认为在那些西餐厅吃的法餐是法国菜。我也有这样的感受，只是没有 Coco 那般犀利敢说。想想这也正常，毕竟是在法国，毕竟

第①篇 寻味儿

是当地人来光顾的多，做出该有的法国味道是这种餐馆的基本素质。我们这些外来者的法餐经验有限，很难评价味道是否正宗，事实上也不用管人家是否正宗，关键是自己觉得好吃不好吃，喜欢不喜欢吃。在一顿海鲜盛宴之后还能觉得好吃，还能把所有的菜都吃完，也就表明了态度。

离开餐馆时，蚝场主人夫妇告诉我们，这家小镇餐馆虽然没有米其林星级，但它是米其林推荐餐厅。难怪他们的出品水准不错呢。

在皇马主场伯纳乌吃顿中国饭

　　火车票订的是来回的，今天下午要回马德里，游逛的时间基本就是上午那些了。吃完早饭散步去海边，走到哥伦布雕像那里转向步行街，顺着步行街溜达，买了一些纪念品，时间差不多了就回到酒店退房，存行李，然后去吃饭。

　　曾经写过一篇专栏《辣椒与哥伦布》，说起我们今天能够吃上辣椒，中国西南地区以辣为主的饮食风味还真心要感谢哥伦布的。1492 年 8 月 3 日凌晨，意大利人哥伦布在西班牙皇室的支持下，带着皇室给印度和中国皇帝的国书，开始了他寻找香料的航程，从此开始了发现美洲大陆的大航海活动。

　　从 1492 年到 1502 年，哥伦布先后四次从西班牙出发，向西横渡大西洋，在美洲大陆和沿岸的那些岛屿往复了几千公里，发现了古巴、海地、巴拿马地峡以及印第安人，但是他到死也没能到亚洲，更没有到达远航的目的地印度。虽然他始终坚信船队多次横跨大西洋航行所到达的大陆就是亚洲。

哥伦布在美洲大陆没有找到令皇室兴奋的香料，但是，美洲大陆的一些作物却因为这次大航海走出了美洲，我们今天常见、常吃的辣椒就是这次大航海带出美洲大陆的。

正是辣椒比那些香料更接地气的特点，让其传播的速度和范围迅速扩大，在不长的时间里，就传到了亚洲，传到了中国，成为亚洲料理的重要食材和调味料，成为中国西南地区不可或缺的重要食材，有了辣椒，川菜体系慢慢形成，有了辣椒，川菜才有了今天的这般滋味。

辣椒虽然给烹饪带来了很多好处，并成就了中国川菜的伟大，但是并没有给西班牙皇室带来财富，哥伦布逐渐失去了皇室的信任，第三次航海回到西班牙时，他就被拴上了铁链。哥伦布到死也没能寻找到东方的香料。但是，正是哥伦布开启的大航海时代，把美洲的许多食材——玉米、马铃薯、栌瓜、番茄、菠萝等带出来并逐渐传遍世界，为后来世界范围的人口增长和欧洲的近代工业化进程提供了坚实的物质基础。这一点无论如何是要感谢哥伦布的。

在一家 Tapas 店吃了几个 Tapas，这种西班牙小吃据说有 200 多种组合，先选了六种，后来又加了两个，算是吃了一顿午饭。Tapas 挺好吃的，主要是一个个摆在那里，喜欢哪个就要哪个，不用说话，方便我这个外语盲。

火车直达马德里，回来比去的时间少了 45 分钟。我上车就睡了，醒来时，看到的是马德里的蓝天白云。

到酒店休息了一下，八点半朋友接我去吃饭，这是温州阿健为我安排的。阿健在朋友圈看到我在西班牙，一定要让他的朋友招呼我。八点半的时候 Bruce 过来接上我去了伯纳乌球场，也就是皇家马德里队的主场。晚饭的包房就在球场里，坐在餐桌旁就可以看比赛。只可惜皇马今年的主场比赛结束了，要不在这里看场球该是多么牛呀！

和餐馆的老板陈先生聊天，发现我们有共同的好朋友大董，一下子关系近了很多，另一位朋友是波尔塔 20 的股东，我们也有共同的朋友，这样话题就宽泛了许多。说说美食，聊聊朋友，吃着陈老板的中国菜，说着中国菜在欧洲的变化与变迁。为了市场，中国菜做了很多改变，开始时是为了迎合欧洲客人，慢慢地也就形成了自己的风格，把一些西餐味道融合进中国菜式。今天吃的几个菜，既有中国味道，又有西餐特点，中国人吃着不陌生，外国人吃着也喜欢。

几道菜食材新鲜，料理得法，呈现的多是西餐模式，味道却很中国化。蒸鲈鱼中李锦记蒸鱼豉油的使用，一下子就把我的味蕾带回了中国。这家餐厅人均消费 50 欧元，大概在 400

元人民币。老板装修花了 400 万欧元，在中国特色上下足了功夫，中国文化特色在这里有着很好的表现。

餐厅的餐位有 280 多个，厨房里却只有 7 个人，天呀，这在中国是不敢想象的。如今，人力成本越来越高，少用人就等于是多赚钱。国内的中餐厅在用人方面还真是要好好学习先进经验了。

坐在皇家马德里队御用中餐厅里吃饭让我有些兴奋，遇到好朋友更令人开心，感谢今晚的各位朋友，感谢 Bruce 组局，让我重回马德里的第一餐变得意义非凡。

第②篇

回味儿

樽俎笑谈多雅故

食说清明

又到了清明时节，万物复苏，吐故纳新，作为一个天天和饮食文化打交道的人，今天我和大家聊聊清明节的一些食俗，咱们"食说清明"。

在二十四节气中，清明比较特殊，它既是节气也是节日，但最初并不是节日，而只是一个节气，和立春、雨水、惊蛰一样，反映气候变化，提醒人们农事耕种。作为节日，清明节和端午节、中秋节、春节并称为我国四大传统节日。在清明前一两日，还有一个寒食节，要禁烟火，吃冷食。因为清明和寒食节挨得太近，历史流转中，慢慢地两者就合二为一了，演变成现在的清明节。所以，很多清明节的习俗和美食，其实是源自寒食节的。

关于寒食节，有这样一个传说：春秋时期，晋公子重耳流亡途中，走到没有人烟的地方，饿得站都站不起来，随臣介子推就从自己的大腿上割下了一块肉，煮了碗肉汤给重耳喝下，使得重耳熬过这一劫。十九年后，重耳做了国君，重赏当初陪他流放的功臣，唯独忘了介子推，介子推不愿争功，隐居到山里。重耳听说后很羞愧，去请介子推出来做官，但山高路险，树木茂密，很难寻见，于是就有人献计，从三面放火烧山，逼出介子推。不想，介子推抱树不出，最后被烧死在山中。重耳恸哭，下令将这一天定为寒食节，不准举火做饭，只吃冷食，以纪念介子推。这是后人的演绎，从历史的发展来看，寒食节是源于远古时期人们对火的崇拜。那时人们每年都要去旧火、燃新火，同时借此机会清理炉灶，去除灶灰，通通烟筒，好让新火烧得旺，炉灶更好使，古人称为"改火"。改火行为慢慢延续成禁火节，这一天不能用火做吃的。不能用火，那只能吃冷食了，慢慢地禁火节便成了寒食节。

寒食节的习俗一直流传下来，在一些地方至今仍然保留着清明节吃冷食的习惯。在山东，即墨人吃鸡蛋和冷饽饽，莱阳、招远、长岛的百姓会吃鸡蛋和冷高粱米饭，泰安人吃冷煎饼卷生苦菜。而在山西介休地区，这一风俗极为隆重，寒食节前后三天都要吃冷食，这也难怪，介子推被烧的那座山就在介休境内。

清明节有一道美食就是纪念介子推的，叫"清明燕"，也叫"子推燕"，是山西人清明必做的面塑之一，既寓意着迎接春天，迎接燕子重新归来，也是老百姓为介子推鸣冤，不希望他真的死了，认为他化身燕子飞走了。于是民间就把面粉捏成燕子的形状，用山西的酸枣树枝或者杨柳条串起来，挂在门楣上，表达对先贤的"怀念"，这样的习俗在山西绵延了2500年。老燕身上爬满了小燕，就寓意这一家人儿孙满堂，也祝愿老人长命百岁。而生龙活虎的小燕，则是老人送给小辈儿的，期望小辈将来能够飞得更高飞得更远。

清明节的节令食品，充分体现了中国饮食"南米北面"的特点。北方基本上是面食，除了"清明燕"，还会用面粉做各种花馍；晋南人过清明时，习惯用白面蒸大馍，中间夹有核桃、枣儿、豆子，外面盘成龙的形状，龙身中间扎一个鸡蛋，名为"子福"。当地人会蒸一个很大的总"子福"，象征全家团圆幸福。上坟时，将总"子福"献给祖灵，扫墓完毕后全家分食。

南方则是吃青团或者是艾粄。江南地区清明时节吃青团，在糯米粉中加入艾草汁做皮，包上豆沙、莲蓉等馅料，用艾叶垫底放到蒸笼内。蒸熟出笼的青团青绿飘香，翠绿的皮，微甜的馅，淡淡的青草味，是当地清明节最有特色的节令食品。在岭南则是吃艾粄，做法和青团差不多，但形状是三角形的，很像我们小时候吃的糖三角。

清明时节的美食还有很多，就不一一列举了。在清明时节还有一个习俗就是墓祭，祭祀扫墓，缅怀逝者。除了祭祀，人们还会用一种特别的方式——以食之名来怀念先人，最知名的要属"东坡肉"了。苏东坡是古代非常著名的美食家，留下了很多和吃有关的诗句。苏东坡喜欢吃猪肉，被贬黄州期间，他写下《猪肉颂》："洗净铛，少著水，柴头罨烟焰不起。待他自熟莫催他，火候足时他自美。"这就是东坡肉的制作方法，你们看，"待他自熟莫催他，火候足时他自美"，这样做出的猪肉肥而不腻、醇香味美，因此老百姓就把这道菜称为"东坡肉"，以此来纪念苏东坡。

还有一道菜，大家非常熟悉，鸡肉、花生米、辣椒一起做的，有甜酸香辣荔枝口的，也有咸鲜酸香麻辣口的，它就是宫保鸡丁。这道菜的名字，也是为了纪念一位历史名人——丁宝桢。可能有人疑惑了，丁宝桢，这和"宫保鸡丁"也没什么联系啊？其实，这道菜是以丁宝桢的官衔来命名的，他死后追赠的官衔是"太子太保"，即太子的老师，属于荣誉头衔，通称"宫保"，所以丁宝桢又被人称为"丁宫保"。这道将鸡丁、红辣椒、花生米下锅爆炒的菜品，正是丁宝桢创制的，因此得名"宫保鸡丁"。后来这道菜几经转变，流传至今，仍然广受欢迎。

今天，我们是"食说清明"，这里所说的食，不简简单单是一个菜，而是一种文化的传承，因着这些食物，因着这种中国味道，当下的我们与历史、与祖先，有了穿越般的勾连，你能感觉到味道传承中的血脉相通。这些在人们的唇齿间鲜活流转着的、带着人间烟火气的味道，就是真正的味道传承，是我们之所以为中国人在饮食风味上最明显的特征。

（本文为作者在 CCTV-3 清明节节目中的一个演讲）

超市里的青团

前几天的一个饭局上，有很多菜但没有酒，一个朋友以茶代酒敬在座的一位老师，老师躲开了向他致敬的茶杯，连忙说"清明节前不敬酒"，场面一时尴尬，随后大家哈哈一笑，各自喝茶吃饭了。那天十几个人的大局结束很早，一个小时后就各自起身回家了。

慎思追远，纪念先人只是清明节的一个内容，大致也是现在人们过清明节的主要活动。而踏青赏春也是清明节的重要内容。2000 年的时候，我在贵阳曾经参加了一次当地朋友的墓祭活动。主人买了很多吃食，邀请了很多朋友，一起去拜祭自家先人。拜祭结束后，朋友们就在那里喝酒吃东西，还有几个人一边喝酒一边斗地主，孩子们由大人带着，在树林里跑来跑去地玩开了。我当时有点吃惊，拜祭不是一件很严肃的事情吗？怎么会有这么多吃喝玩乐的内容？后来慢慢了解了，清明节融合了寒食节、上巳节的内容，节日又在仲春与暮春之间，正是春光大好之际，自唐朝起就把墓祭和踏青春游融在一起了，唐代诗人王维的《寒食城东即事》一诗就对此有着明确的描述：

"清溪一道穿桃李，演漾绿蒲涵白芷。溪上人家凡几家，落花半落东流水。蹴鞠屡过飞鸟上，秋千竞出垂杨里。少年分日作遨游，不用清明兼上巳。"

现代人活得没有唐朝人潇洒，祭奠先人时总有些悲痛的情绪，很难一转身就换作笑脸走入灿烂春天。我就是这个样子，给母亲扫墓的那天，一天的情绪都会比较低沉，这一天里除了看书之外，不会有什么娱乐活动，这是我个人对亲人尤其是对母亲的哀思。

按照对清明节气的解释："万物生长此时，皆清洁而明净。"清明是阳光明媚春暖花开的时节，更是阳气上升朝气蓬勃的季节。清明节作为节日，祭奠先人只是其中的一个内容，还有其作为节日欢乐的内容，常见的活动有踏青、玩蹴鞠、荡秋千、插柳、打马球等，虽是纪念却也不舍现实之乐。也正是如此，清明节与端午节、中秋节、春节并称为中国四大传统节日。是节日就要有欢乐，所谓清明之前不敬酒的说法，大概只是个人不爱喝酒的一种托词，先人喝得，世人也喝得。

去超市买东西，看到食品柜台那里有青团售卖，倒是没有看见北方"子推燕"或者一些花馍这样的清明节面食售卖。看来还是南方清明节食物的影响力大一些，花馍制作工艺复杂，只能是手工制作，因为是面食，售价也不会高到哪里，自己在家里做做还行，很难形成可以进超市的商业规模。这一点上，青团更讨巧一些，颜色上和春天接近，艾草又有驱邪祛病的传说，馅料可甜可咸，可荤可素，模样圆圆亮亮的也讨人喜欢。

这种灵巧模样的点心，从来都是南方比北方的精致细腻，定价区间也要好过北方面食，市场也就好上许多，在北京超市里见到也就不奇怪了。青团成为超市清明节期间的热门商品，多少也和近年来北京城市居民构成的变化有关。太多南方人落户北京，成为新北京人，超市节日里出现这些新北京人的家乡风味食品，是市场的需要，更是随处可见的风味人间。

夏天来了

进入五月，节气到了立夏，历法告诉我们，春天走了，夏天来了。

农历中的节气大致是黄河流域农耕文化的经验总结，而且形成的时间还比较早。仔细一点可以发现，这和江南以及岭南的气候和节气中规定的、描述的是很不一样的。诗文中说"南国似暑北国春，绿秀江淮万木荫"。南方地区暑热已起，北方还是晚春的征候。中国幅员辽阔，从北纬3°的曾母暗沙到北纬53°的漠河以北黑龙江主航道，南北距离有5500公里，夏天是由南向北逐渐到来的，也许节气被总结出来的时候，南方还是蛮荒之地，其文明程度远远比不上黄河流域的农耕文化，因此节气中就忽略了南方的特点。在气候学上，科学定义的夏天是5日内的平均气温要达到22℃，否则就还是春天，算不得夏天。根据这样的定义，公历6、7、8三个月的气温才算是夏天，立夏节气前后还只能算是晚春了。

对今人来说，立夏不过是一个节气，表明春天结束，夏日由此开始。可是，我们的先人却把立夏当作一个重要的日子来对待。这是因为，"立夏"的本意是指春天播种的植物已经长大，一些果实也在这个时候开始成熟了。民间有"立夏见三新"的说法，一般说来是樱桃、青梅和新麦。但是不同地方的"三新"也有不同：南京地区是樱桃、青梅和鲥鱼，安徽地区保留了前两种，第三种换作了蚕豆。

立夏日最为流行的民俗活动要算"吃立夏蛋"了。立夏之日，男女老少都爱吃煮蛋或咸鸭蛋。民间认为，"吃立夏蛋"强身健骨，能使人格外有精神。民谚道："立夏吃蛋，石头都踩烂。"民间还有在这天喝冰饮的习俗。旧时立夏日市场上有敲铜盏卖梅汤的，"铜盏"实际就是盛冰镇饮料的木桶，一般都是黑漆铜箍，桶盖上有一根铜制的月牙幌子，既表示这酸梅汤是在夜里制成，也是招徕顾客的标志。

夏天气温高，人容易出汗，消化功能也有所减弱，所以又被叫作"苦夏"。于是，夏天被认为是减肥的季节。过去，人们在立夏这一天会称称体重，到了立秋的时候再称称，看看瘦了多少，到了天气凉爽的秋天，再"贴秋膘"补回来。

过了立夏，气温逐渐升高，高温下，人变得懈怠，胃纳消化也受影响，这个时候的饮食需要"减酸增苦"，益肝补肾。传统医学认为，酸能补肝，夏天火气盛，不宜补肝，所以要减酸。火旺而水弱，肾主水，因此要补肾，达到肝肾平衡。苦味食物去火，所以要增加一些苦味食物。我们常见的苦瓜、芥菜、苦菜等蔬菜以及啤酒、茶水、咖啡等带苦味的饮品，都含有生物碱，具有消暑清热、促进血液循环、舒张血管等药理作用，不仅能祛燥消烦、提神醒脑，还有增进食欲、健脾利胃的功效。

不管怎样，夏天要来了，尽情地享受夏天的热烈吧。

小暑大暑

　　杨梅吃得差不多了，天气最热的那几天也就到了。按照节气上的说法，就是小暑和大暑了。小暑还不算最热，大暑会热得让你无处躲避，一年中大部分桑拿天，大概都是发生在小暑到大暑这段时间。对我这种怕热的人，算是一年中最难熬的日子了。其实这也是在北方城市待久了的缘故，北京桑拿天的湿度和热度，在南方的夏天几乎天天都有。

　　去父亲家的路上和在南方长大的妻子聊天，妻子说，这算什么呀，广州从 4 月份到 10 月份都是这样的天气，习惯了也就不觉得什么了。早年间，连电风扇都没有，广东人不也一样生活么？想想也是，北京的暑热不过三十几天，其间，下一场雨还会凉快一下，不想它，也就不会感觉有多难受了。

　　天气冷热变幻是人难以把控的，随着天气的变化给自己找点有营养的好吃的，却是我们能够做到的。

如果心理上没有什么障碍，鳝鱼是这个季节的妙物。俗谚说"小暑黄鳝赛人参"，这个季节的鳝鱼有很好的滋补作用。常见的鳝鱼菜式有响油鳝糊、炝虎尾、烧鳝筒、水煮鳝鱼、干煸鳝鱼等。淮安地区把鳝鱼叫作长鱼，还有108式的"长鱼宴"。到了杭州，少不了要吃碗虾爆鳝面，现炒虾仁和鳝鱼的浇头与面条拌在一起，好吃又滋补。

北方的讲究是"头伏饺子二伏面，三伏烙饼摊鸡蛋"。这段时间，正是新麦收获之后，吃点新鲜东西犒劳自己也是应该的。天热胃口不好，做成既是主食又是菜的饺子，就把问题解决了。吃过水面消暑纳凉，吃热汤面出汗祛恶。农历六月天热湿气重，热汤面从里到外热起来，便把身体里的湿气蒸出来了。

小暑大暑天炎热，难免火气上升胃纳不佳。这个时候，新鲜的蔬果便是饮食的上佳选择了。新鲜蔬果纤维素和糖分含量较高，可以有效地补充人体所需的养分和能量，而且还有清爽不腻口的特点，经常吃也不会厌烦。泡点柠檬水喝，自己榨点果蔬汁，黄瓜、苦瓜、西瓜、西红柿、胡萝卜都是上佳的原料。绿豆汤也是不错的消暑饮料，或者做个冰糖莲子羹，炖个莲藕汤，炒个莲藕片也是暑热天气里饮食上不错的选择。

饮食的节奏，先贤讲的是"不时不食"。时，时节、季节也。在恰当的时候吃新鲜、当季的食物，不仅是逐鲜寻味的至高标准，更是一种生活的情致与雅趣。把节气的变化归拢成舌尖上的享受，不失为度过苦夏的巧方妙法。

情人节的食与色

　　过了春节进了正月，晃晃悠悠，两个和爱情有关的节日就要到了。一个是西方的 Saint Valentine's Day，字面翻译是圣瓦伦汀节，也就是人们常说的情人节；另一个是中国的节日，正月十五元宵节，古诗中说这一天"月上柳梢头，人约黄昏后"，大致是青年男女自由相约的日子。2017 年正月来得早，元宵节在 2 月 11 日，三天后就是西方的情人节，中外两个节日连接得如此紧密，倒是可以让那些心情和身体都躁动不已的人们有了可以放松的机会。

　　元宵节是中国的传统节日，在这一天要吃元宵或是汤圆，区别大概是南北方不同的饮食习惯。元宵现在是食品称谓，而历史上元宵本不是食品的名字，是这一个日子的代称。元为一，宵为夜，元月十五是一年中的第一个月圆之夜，因此称为元宵。元宵节吃的元宵，先前就是糯米圆子，因为在元宵节这天吃，成为节令食俗，慢慢地就成了一种食物的名称了，不过南方还是叫汤圆的。我虽然生长生活在北方，小时候也很喜欢吃元宵，但是接触了汤圆之后，就开始喜欢上汤圆了。汤圆比元宵好吃，面皮更软更糯更滑，馅心的变化多种多样，那种黑芝麻加猪油加糖的汤圆是我最喜欢吃的，有机会就会吃上一两个。这些年有人说元宵节是中国的情人节，因为月圆的浪漫，因为那首"月上柳梢头，人约黄昏后"的古诗。古诗的意境不错，可是灯火阑珊的城市，不再有古时的月光，也就没有了那种隐约浪漫的渴望了。年轮碾过，情感不知掀了几番波澜，灯新人也新，哪还有"泪湿春衫袖"。

　　西方的情人节玫瑰花和巧克力是必不可少的。男生送玫瑰花给女生，女生要送巧克力给男生。玫瑰花的象征意义大家都知道，代表着炽烈的爱情；巧克力呢？大致就是一种暗示了。在英国诗人华兹华斯那里，巧克力是可以让人焕发青春的，他在诗中写道："啊，巧克力，只要喝上一口巧克力，就能使老妇焕发青春，为肉体注入新的活力，使她们产生你我心照不宣的渴望。"青春活力的表征是什么？大概我不说你也能体会到。在西方人那里，巧克力具有催情作用，可以引发欲望和补充精力。萨德侯爵即使被关在巴士底狱中，红木男性生殖器和巧克力这两样东西仍是他最迫切需要的，而路易十五的情妇杜芭莉伯爵夫人满足其情人的秘密武器就是巧克力。她用特殊调制的巧克力让路易十五雄起，用自己在妓院学到的各种技巧来满足国王的畸形欲望。

从诗人到贵族再到荡妇，对巧克力的迷恋，让西方人认为巧克力有催情剂的作用，情人节的时候送出这样的礼物，潜台词是不言而喻的。科学分析证明，巧克力含有的苯基胺酸可以引发人脑中类似性兴奋的反应，但是其含量微乎其微，基本是可以忽略不计的。然而观念的力量是强大的，即使科学证明了巧克力的催情作用不大，人们还是愿意相信，这种又甜又苦的食物是可以让人们约会时变得情趣盎然的。这大概就是精神的力量了。

食物与欲望在中国人这里反映得更为丰富。有人对"鞭菜"情有独钟，认为吃那些东西有助于房中乐趣。前几年，北京有家餐厅专门以各种雄性动物生殖器为主要原材料做菜，据说品尝者以司机和年长者居多。"吃什么补什么""以形补形"这样的养生健体俗谚很多人都知道，但是具体效果如何，也许没有几人能够讲得清楚。就壮阳这件事来说，与其是吃那些雄性动物的生殖器，倒不如吃些中草药和海鲜的好。分析那些补肾强身的药物，差不多都有肉苁蓉、淫羊藿、海马等物，听听这些名字就能知道它们的作用。"吃什么补什么"在我看来也许只是一种愿望，或许能在心理上给人一些暗示，以致吃过后行事，好像真的增加了几分力量。

这一点倒是和巧克力的功效殊途同归了。

有关宋朝饮食的一些议论

　　宋朝是中国文化发展的一个高峰，复旦大学文史研究院院长葛兆光先生（北京大学中文系研究生毕业，我上学期间曾经看过他的《禅宗与中国文化》，后来又买过他写的《道教与中国文化》，不过没看完，现在不知道放到哪个书架上了）说，"唐文化是'古典文化的巅峰'，而宋文化则是'近代文化的滥觞'"。北京大学历史系教授邓小南认同葛兆光先生的观点。哈佛大学教授费正清先生认为，北宋与南宋是中国历史上最辉煌的时代，许多近代城市文明的特征在宋朝都已出现，从这个角度出发，可以认为宋朝是"近代早期"。城市文明不仅是思想理论、文化艺术，还涵盖着商业文明和市民生活等方面的内容。作为市民生活重要内容的饮食、烹饪，在宋代也达到了相应的高度。

　　酒楼餐馆的兴盛始于宋朝，这在《清明上河图》和《东京梦华录》中都能见到。唐朝诗人的诗句中，经常会说到旗亭赌酒（旗亭有两个释义，其中之一就是酒楼），但旗亭的规模远不如宋朝的酒楼。这其中最有名的就是矾楼了，宋徽宗宣和年间改名为丰乐楼，《东京梦华录》记载："三层相高，五层相向，各用飞桥栏槛，明暗相通；珠帘绣额，灯烛晃耀。"这般规模是宋朝以前不曾有过的。宋徽宗偷会李师师就是在矾楼（那时已经改名为丰乐楼了）。根据《东京梦华录》的记载，像矾楼这样的酒家，当时汴梁（今开封）城内有七十二家，可见当年北宋都城的繁华。

酒楼规模的扩大，相应的菜式也丰富起来。《清明上河图》中卖包子的、卖酒的店铺不少，这还是小吃休闲类的；《东京梦华录》中记录了300余种汴梁美食。诸如下酒菜百味羹、头羹、新法鸭子羹、虾蕈、鸡蕈等，还有角炙腰子、鹅鸭排蒸、入炉羊、虚汁垂丝羊头、炒蛤蜊等菜肴，食材包含了山珍海味、鸡鸭肉蛋、瓜果时蔬等，尤其是羊肉菜肴更是登峰造极。北宋神宗时期，内廷每年要用43万斤羊肉，并且总结出羊肉菜肴制作要做到"烂、热、少"，而且还开始使用料酒去膻增香。在宋朝之前，料理羊肉用的是胡椒，只去膻难增香，到宋朝，料理、调味水平比前朝有了显著的提升。

中国烹饪最后发明的一项技术——炒（这也是中餐与西餐在烹饪技法上最大的不同），也在宋朝出现了，虽然有人说唐朝末年已经出现，但是据台湾高阳先生考证，"'炒'字用在肴馔上，只有'炒羊'一样名目。话虽如此。只要有一样，便是发明"。而炒菜进入中式烹调，又和桌子椅子的普遍使用有着密切关系。宋朝南迁，江南潮湿不便再席地而坐、据案而食，唐朝出现的胡床（近似今日马扎）逐渐演化成座椅。有了座椅，食案就不合适了，配合座椅，食案升高成为桌子。桌子长而阔，方便多人围坐，这样，中国人的饮食方式就从据案而食的分食制，演变成围桌同食的会食制。分食制很难有带"镬气"的菜肴，会食制则可以解决这个问题。所谓"镬气"也就是锅气，香气大多是由炒这种技法带来的。炒菜由此开始大行其道，成为中国烹饪中最常见、最常用的烹饪技法。

还有一个值得注意的方面是厨师。在宋朝以前，只有厨子、厨司、厨工、厨丁等称呼，专指男人，而且不是独立的职业。宋朝出现厨娘而且盛行，"非极富贵人家不能用，因为用不起"（高阳语）。宋人笔记中曾记载一个厨娘做完一桌宴席后，开出的犒赏单吓了官员一跳，"每大筵，支犒钱十千缗，绢二十匹。常食半之，无虚数"。十千缗就是一万钱，这样的赏钱，官员也负担不起，过了十天只好找个借口打发走了厨娘。宋朝当年民间婚庆聚会，也有了专门上门服务的厨子（厨司），酒楼也不能缺少专业厨师，这说明在宋朝厨师已经不再是大户人家或官家贵族的家奴，而成为一个独立的职业。职业的独立性让厨师摆脱了旧日的从属地位，成为手艺人，开始闯荡江湖。

中国饮食文化经过十百年的发展，在宋朝达到了一个高峰，饮食文化高峰的出现与中华文化的辉煌是同步的，理学道统、文化艺术是了解宋朝的一条通道，通过了解宋朝的日常吃喝、烹饪料理，也是可以到达宋人的精神世界的。

由哈密瓜得名想到的

开车听广播，说到哈密瓜，和吃有关的消息我都会留意一下，于是听了进去。

最早知道哈密瓜还是在 20 世纪 60 年代，父亲去新疆招收少数民族学生，回来的时候带回一个哈密瓜。那时，新疆与北京真是遥远，父亲说他坐了三天四夜的火车，如果按照小时计算的话就是 80 多个小时。好在哈密瓜是个耐储存的水果，否则人还没到北京，哈密瓜大概就没法吃了。现在好多了，火车只需要 32 个小时，飞机只要 4 个小时，万里路不过是睡一觉的时间了。

我们吃瓜的时候小心翼翼地，第一次见到这样的水果，感觉哈密瓜真的好甜呀。哈密瓜栽种的历史有 2500 多年了，古已有名，维吾尔语称"库洪"，源于突厥语"卡波"，意思即"甜瓜"。哈密瓜不仅甜度高，而且还富有营养，果肉含有大量糖分、维生素、膳食纤维、果胶物质、苹果酸及钙、磷等元素，尤其铁的含量很高。当然这些都是现代科学分析后得出的结果，当年人们并不知道这些，清甜好吃是人们喜欢它的主要原因。哈密瓜的种植区域很大，据说是鄯善地区所产最佳。在新疆地区都叫它"甜瓜"。甜瓜得名为"哈密瓜"，清朝康熙皇帝是始作俑者。

康熙三十八年也就是公元1699年元旦（农历正月初一），康熙大宴皇室成员，用的水果是新疆甜瓜，有人问这个瓜叫什么名字，因为是哈密王进贡而来，随即被康熙命名为哈密瓜，这个名字就一直用到了今天。因其得之不易，历来都被视为珍贵水果。

得之不易是因为哈密到京城的路途实在太遥远了。为了能让清朝皇帝在元旦大宴吃上哈密瓜，哈密王每年七月就要从众多哈密瓜中选出最佳者，挂上铭牌予以保护。九月成熟时晾晒后装入特制的木箱，包装好后小心翼翼地运往京城，且必须于腊月二十三日前运到，保证皇家在元旦日用。十月从哈密出发，腊月二十三左右到达北京，算下来，这一路紧赶慢赶要走八十多天。要是寻常水果，在没有保鲜技术的清朝，八十多天的颠簸估计早就没有了模样。好在哈密瓜皮糙肉厚，加上包装盒里铺满了软软的锦缎，才有一些能够经过长途跋涉品相完好地运到京城。物品的生鲜特性和遥远的路程，决定了哈密瓜当年只能是皇家享用的金贵身价，一般官员、寻常百姓怕是连这个名字都没有听说过的。

交通不便，物流不畅，造成了哈密瓜的金贵。感谢社会发展，科技进步，旧日被捧为神圣之物的东西，今天已经成为超市里寻常之物。因为遥远而造成的神秘，今天已经被高度发达的物流产业撕去了那层面纱，现在人们不会觉得哈密瓜是什么稀罕之物。社会进步了，人们的眼界开阔了，原本的那些神圣与神秘，随着社会的发展，逐渐还原出其本来的面貌，人们关注的是它的消费属性和营养安全指数，虽然产地依然是考量某种食材的一个重要标准，但是距离已经不是障碍，更不会有什么神秘因素了。

中国饮食文化历史悠久，源远流长，食材的丰富性是其他国家和地区难以比拟的。随着社会进步，人们环保意识、健康意识的提升，有一些食材逐渐被淘汰，有一些食材被人们有意识地屏蔽掉，也有一些过去的珍贵原材料在今天变为寻常之物。这些变化带来了当今人们对食材的重新认识。在我看来，食材的珍稀性只是少数人的极致追求，更多的应该是对食材营养度、普适性的关心，有营养的、安全的、大众餐桌上经常能见到的，会成为消费者和经营者共同关心的热点，并会持续下去，成为人们饮食消费的主流。

韭黄，唐花，洞子货

一天无事，宅在家里看书。昨天买了几本书，今天先看邓云乡先生的《云乡话食》。

一日三城，青岛、杭州、北京，只在杭州吃了一顿正经饭。外婆家的老大吴国平和网易的老大丁磊合作，做了一间猪爸餐厅，用的食材是丁磊养的未央猪。其中有一道菜我很喜欢，笋丝肉丝豆干丝炒韭黄，口感丰富，有脆有嫩，有韧有爽，不由得多吃了几口。吴国平介绍这道菜时说，韭黄是杭州独有，这个季节最好吃。好吃固然好吃，但韭黄不止杭州有，各地有很多吃韭黄的记录。北京人是很讲究吃韭黄的，只是吃的季节和杭州不一样。北京人认为春天里第一批韭黄最是美味，讲究人家咬春吃鲜的春盘里，是不能没有韭黄的。

韭黄，又叫黄芽韭，在《云乡话食》中，邓云乡说它"是北京正月里的最珍贵的嘉蔬"。正月里，北京的天气还是天寒地冻，户外是长不了蔬菜的，因此韭黄这种"嘉蔬"多是"洞子货"。洞子是花洞子，也就是温室了。用火炉加温营造适合花木生长的温度，这样冬日里也能有鲜花盛开。这种花叫作"唐花"，北京中山公园里有个景点叫唐花坞，冬天的时候里面摆满了各种绿色花草，各种花朵竞相开放。唐本作"煻"，为用火烘焙之意，唐花坞即为邻水的花卉温室。

那时候不知"唐花"的意思，只知道冬天在唐花坞里待着特别暖和、湿润。有一次和烹饪大师牛金生先生聊天，说到冬天里北京人吃的新鲜蔬菜，牛金生先生给我讲了"洞子货"，他家有亲戚旧日做的就是培育洞子货的营生。温室里除了养花，还会培育一些夏季蔬菜（黄瓜、茄子、扁豆等），数九寒天里供应富贵人家。曾经有一条小黄瓜是一两银子的价格，这样的价格，一般人家想都不敢想。

北京人爱吃韭黄，炒着吃、做馅都是待客的佳肴。我喜欢用韭黄炒肉丝，肉用的是猪里脊，每根肉丝切成火柴棍粗细，手艺好的一两肉切50根，有三两肉就能炒一盘菜了。做馅则是和鸡蛋、虾仁一起，做成三鲜馅，包饺子做馅饼，都是极嫩极香的吃食。记忆中只是春天里吃些韭黄，到夏天就很少见到了。

邓云乡先生说，在北京，韭菜和麦子还真有一点关系，"乾隆时谢墉《食味杂咏》注云'土产则圃人以麦种之蒜畦，芽出割之，气味居然韭也，此法晋人已有之，然而瘦硬寡味'。"

嘉庆年间进士郝懿行在《晒书堂笔录》中说："冬天芽韭，乃从粪料蒸郁而成，食之损人，京厨肴膳，杂以麦苗，不尽用韭也。"用麦苗替代韭菜，还是第一次听说。以前曾经看过这本书，怎么一点印象也没有了呢？想必当时书看得很潦草，翻过就算看过了，没记下什么。现如今再看宛若新书，倒是提醒我要认真看书，看过后要记住些什么了。

杨师傅的坚持

　　杨师傅是内蒙古四子王旗人，以前没什么人知道四子王旗这个古怪的名字，而神舟飞船在这里着陆，电视直播一下子让四子王旗成了全国人民都知道的地方。杨师傅在这里生、这里长，在这里学艺。16 岁那年，杨师傅中学毕业去当地的一家餐厅打工，选择了学习面点制作。内蒙古饮食中面点的种类不多，大都是馒头、包子、饺子、烙饼、馅饼、面条等家常吃食，比较有技术含量的大概就是烧卖了，杨师傅学的就是烧卖制作，而且从此就再也没有离开烧卖。

　　见到杨师傅是在大同市的凤临阁饭店。二十几年过去了，杨师傅的生活轨迹也从内蒙古的四子王旗辗转到了大同。除了容颜的变化，杨师傅还凭借一手精湛的烧卖制作技艺，成为一位年薪 100 万的厨师。二十多年的潜心研究，杨师傅算是把烧卖做出了花儿，他制作的百花烧卖，是大同市市级非物质文化遗产，杨师傅也就成了传承人。对杨师傅来说，这是荣誉也是责任。杨师傅说："百花烧卖制作工艺一定要在我手上发扬光大，传承下去。"

最早知道烧卖是我小学五年级的时候。四年级的时候我近视了，一开始没注意，只是觉得看不清黑板上的内容了，老师把我调到第一排，看着还是费劲。父亲从五七干校回京探亲，带我去前门那里配了我人生的第一副眼镜，世界一下子清晰了许多。配好眼镜，父亲带我去都一处吃饭。两个人要了两笼烧卖，就是那种猪肉大葱馅的。烧卖好吃加上年幼无知，两笼烧卖被我吃得没剩几个的时候，抬头看到父亲面前的布碟还是干干净净的。

四十年前这次经历是我第一次和烧卖的亲密接触。烧卖的美味给我留下了不可磨灭的印象。在成长过程中，在后来的诸多觅食旅行过程中，遇到、吃到过很多种烧卖，扬州的翡翠烧卖，广州的鲜虾烧卖，武汉的糯米烧卖，呼和浩特的牛肉烧卖，等等，这些虽然都是烧卖中的名牌，但是都没有记忆中和父亲吃的那次、那种普通的猪肉大葱烧卖美味。于我看来，任何味道记忆都有情感元素的介入，我对烧卖的记忆，情感元素尤为重要。

烧卖的名称有很多，烧卖只是现在比较通行的叫法。作为一种点心，烧卖最早是茶馆里的茶点。客人在茶馆里喝茶，饿了来点儿点心垫补一下，烧卖是捎着点心一起卖的，因此又叫

第**2**篇 回味儿

"捎卖"；烧卖不封口，顶部蒸熟后犹如花瓣，因此有人叫它"捎美"，取边梢美丽之意；还有人觉得它的边梢像麦穗，就叫它"烧麦"，这个叫法也是目前比较通行的叫法。

在大同凤临阁吃了杨师傅做的几种烧卖，从面皮到馅料都有了不少变化，对烧卖这种古老点心做了一些创新。在百度百科上查烧卖这种吃食的历史，资料说烧卖最早是在内蒙古呼和浩特出现的。去过呼和浩特，也吃过那里的著名大庙烧卖，鲜牛肉的烧卖吃得我们血脉偾张，明显吃撑了也不想放下筷子。呼和浩特的烧卖好吃固然好吃，但是就我个人感觉来讲，烧卖这东西很难是游牧地区发明的，虽然内蒙古草原牛羊肉丰富美味，但是点心的制作工艺还是农耕文化的一个代表。这也是胡焕庸线东西两侧饮食文化差异的一个重要标志。

和大同的朋友聊天，他们信誓旦旦地说，烧卖这东西最早就是山西人发明的，是走西口做生意的晋商带到内蒙古的。想想当年晋商的强势，把生意做到了全国，甚至远到欧洲，当年叫作归绥的呼和浩特是晋商北上西往的一个重要居停地，他们在那里建了很多票号、货栈，许多晋商常年在那里居住，照顾着自家的生意，也把自己家乡的吃食带到了呼市，因此在呼和浩特出现山西人喜欢的食物就太自然不过了。至今，呼和浩特的口音和晋北的口音接近，也是晋商影响力的一个明证。从物产来说，山西自古就是小麦种植区，而呼和浩特是草原地区，耕作种植从来就不是那里的强项。

晋商把生意做到了全国，烧卖也就随着晋商的足迹走向了全国各地。北京最早的、乾隆皇帝赐匾的烧卖馆都一处，就是山西人开的。由此展开，东北、华北、江南、岭南、西南、中原等地都有了烧卖这种吃食，只是根据各地不同物产和饮食习惯，做出了当地的特色。除了前文提到过的几种，大致还有河南的切馅烧卖、安徽的鸭油烧卖、杭州的牛肉烧卖、江西的蛋肉烧卖、苏州的三鲜烧卖、湖南长沙的菊花烧卖等，馅料虽是各有特色，但基本做法差不多：都是以烫面做皮包馅上笼蒸熟的小吃。蒸好的烧卖玲珑晶莹，皮薄馅多，喷香适口，是一款很受欢迎的小吃点心，这也是烧卖能在全国流行、开花的原因。

鄂菜变楚菜，湖北菜找到了根

一个人落地武汉，车行一小时到了酒店，飞机上曾简单吃了一口，现在有点小饿，但是不想下楼吃东西。武汉来过很多次，曾经在这个城市住过八个月，经历了夏天无处躲避的酷热，经历了冬天侵入骨髓的寒冷，但那时活动的区域多是在汉口那边，偶尔会跑到武昌的湖北书城买上几本书，汉阳这边是很少来的。这次搞签售的物外书店在汉阳，为了方便，今晚也就住到了汉阳。下楼买打火机的时候看了一下周边，完全就是一个陌生的环境。

回到房间一个人躺在床上抽烟，烟雾中人有些恍惚，我来这儿干什么？难道就是为了多卖几本书吗？多卖几本书和我又有啥关系？那一点儿可以完全忽略不计的版税怎么买回一个人漂泊在外的孤独？孤独的人是可耻的，可是现在的我没有找到解决孤独的办法。武汉于我，已经是个完全陌生的城市了，虽然那些街道名字还记得，可是街道的面貌已经完全改变了。

这些年因为吃喝的事情，走了很多地方，奇怪的是中部地区去的不多，从北京出发，沿京广线南下，依次是河北、河南、湖北、湖南、广东，除了一头一尾的北京、广东，中间的四个省份去的真是不多，真不知是什么原因。要说湖北湖南的饮食也算发达，尤其是湘菜，更是全国各地开花，怎么就没多去几次呢？不过在我的饮食经验中，湖北的饮食要比湖南丰富，比河南河北更是高出许多。虽然说八大菜系中没有湖北菜，但是王学泰先生的《饮食与中国文化》一书中，对地方风味的划分却是把湖北风味单独提出来，与鲁、苏、川、粤并列的。

我很赞同王学泰先生的观点，湖北有长江、汉水两条大河，省域内湖泊众多，有千湖之省的美誉，水产丰富，江鲜湖鲜随手可得；江汉平原是著名的鱼米之乡，物产丰饶，山区又有野味山珍，加上武汉三镇自古就是商贸重镇，是"九省通衢"之地，商贸发达，物流畅达，南来北往的客商为武汉造就了既有广度又有深度的消费市场，餐饮业的发展自然也就很是兴旺了。任何菜系（地方风味）的发展与兴盛，都离不开当地政治经济文化的支撑，作为商贸重镇的武汉三镇，同时是当年湖广总督衙门和湖北巡抚衙门的所在地，也是中国近代工业的发祥地，更是中部地区最大的城市，辛亥革命第一枪就在这里打响，其政治地位自然非同小可。政治、经济、文化各方面因素加上湖北省的物产及商贸交流，湖北菜的丰富性与影响力都是要大过湖南菜的。这也正是王学泰先生把湖北菜单独列出的原因。"才饮长沙水，又食武昌鱼。"毛泽东吃武昌鱼就是在武汉，曾经为毛泽东烹制武昌鱼的那位徽菜师傅，为此得意了不少年。

　　政治、经济、文化发展程度的高低是地方风味影响力的基石。改革开放以来，湖北发展的势头远不如沿海地区，在中部地区也难以排在前列，又没能像湖南菜那样先南下广东深圳，在那边做出名堂后杀向全国各地。因此，这二三十年，一线城市中湖北菜餐厅数量远不如湖南菜餐厅多，湖北菜的影响力衰落了。近年来，随着湖北经济的发展，一些人开始打造新的湖北菜，让湖北菜走出湖北，让更多地方的人体验排骨藕汤、红菜薹炒腊肉、荆沙甲鱼、三鲜豆皮、沔阳三蒸等湖北菜的美味。今年三月我在武汉遇到卢永良大师，他们正在编纂《楚菜大词典》，把"鄂菜"更名为"楚菜"，不仅是听起来舒服多了，更是把湖北菜的范围扩大了许多，由"鄂"到"楚"，湖北菜找到了历史的根，根深叶茂，湖北菜的辉煌值得期待。

细嚼慢咽，中西方的殊途同归

在吃饭的学问中，细嚼慢咽一直是一个重要的话题，19世纪美国流行过细嚼慢咽法，一口吃食需要咀嚼 30 次才能下咽，减肥专家贺拉斯·弗莱彻说他经过计算，得出了咀嚼每种食物的最佳次数：面包需要 70 次，大葱大概需要 700 次。贺拉斯·弗莱彻相信这样的吃法可以让人充分吸收食物的营养还不会吃多，从而达到减肥的目的，为此追随者送了他一个"伟大的咀嚼者"的称呼。这样的吃法对于一个正常进食的人是一种折磨，大葱嚼过 700 次的感受不是什么人都能体验的。如果真是每天每顿饭都能坚持，具备这样意志力的人，估计什么事情都难不住，也就不会肥胖了。难怪英国媒体会把贺拉斯·弗莱彻的发明列为"全球五十大不靠谱发明"之一了。

虽然贺拉斯·弗莱彻的方法难以做到，但是细嚼慢咽可以减少进食量还是靠谱的，有科学依据的。研究表明，决定饱与饿的不是肠胃，而是脑袋，是大脑里的饱食中枢。胃里吃饱了的感觉反应到大脑，大概需要 20 分钟的兴奋时间，如果吃得太快，肚子饱了，脑子还没接收到反馈，发不出禁食的指令，那么就会吃多了。细嚼慢咽延缓了吃东西的速度，也给予了大脑反应的时间，这样人就可以吃得适量，不会吃多吃撑了，自然对减肥也是有利的。

另外的一层道理和唾液有关。蛋白质的消化归胃液管，肠道负责的是消化脂肪，唾液主要负责消化主食中的淀粉。在消化过程中，主食吃得过快，没有经过唾液很好的消化，就会给肠胃带来负担，对内脏产生不必要的伤害。细嚼慢咽就是让主食类的淀粉经过唾液中蛋白酶的深度分解，便于肠胃吸收，并反应给大脑的饱食中枢，控制食量，从而遏制肥胖的产生。这样的道理被很多人接受，成为当代健康饮食的重要内容之一。

有人说，早在中国古代就提倡吃饭时要细嚼慢咽，尤其是老人和孩子，更需要细嚼慢咽。从现代营养学观点来看，这种说法无疑是正确的。但是如果深究，中国古代所提倡的细嚼慢咽，更多的是因为食物粗糙难以下咽而不得不细嚼慢咽才能吃下去。我们总说饮食文化，饮食是饮在前食在后，有了饮（水，羹，汤）的润滑，才能踏实吃口饭。有个成语叫"周公吐哺"或者是"握发吐哺"。哺，口中食，讲的是周公呕心沥血辅佐周成王治理国家的事情。周公唯恐失去天下贤人，洗头时，曾多次握着尚未梳理的头发；吃饭时，亦数次吐出口中食物，迫不及待地去接待贤士。周公的精神固然可嘉，但是如果食物细腻滑润，有必要把嘴里嚼着的东西吐出来吗？因为食物粗糙，必须细嚼慢咽才能咽下去，所以才有周公着急见人，吐出来了事。

周公时代，人们的主食是粟米，粟与米还是有分别的，去糠者为米，未去者为粟。由粟到米，会损失三成可食用部分，在农业生产水平低下的年代，经常饿肚子的人是舍不得把粟变成米的，因为即使是粟也不能保证顿顿都能吃到。带着糠的粮食，粗粝程度可想而知，想要囫囵吞下去基本不太可能，因此需要羹汤的润滑，需要细嚼慢咽，分泌唾液帮助消化和品味。这无形中促进了羹的出现与发展，中餐由此开始了菜饭分离的过程，出现了主食与副食的分野，以饭之无味映衬出菜的美味，汤羹由稠到稀，肉块由大到小，由肉多菜少到肉少菜多，进而出现了专门对付小肉粒的筷子，也由此慢慢从汤羹进化到炒菜。当然，这是另外的一个话题内容了。

细嚼慢咽，中国自古有之，起因是食物的粗糙难以下咽，必须细嚼慢咽才能吃下去；西方的细嚼慢咽与中国不同，是基本富足之后的健康需求。不过，不管是东方还是西方，细嚼慢咽在现代健康饮食理念上殊途同归了。

历史趣闻和中菜西摆

在出席衢州开化举办的烹饪比赛期间，我参加了一个美食论坛。几位大师谈了自己的心得，认真听进去，还是有所帮助的。有位大师在谈到中菜西摆的话题时，强调要坚持中餐传统，保持中餐韵味。大师举了一个林则徐请外国人吃饭的例子，来说明中餐的优越与机智。我听到这样的故事很是不爽，虽然这个故事是野史传说，但映射出的心态却实在是要不得的。

吃喝是俗事，但必不可少。有时吃喝也是一种斗争，历史中在吃喝上挖坑埋雷的事情发生过不少。古代有项羽之鸿门宴，想杀未杀放走了刘邦，成就了刘汉家族几百年的基业，刘项之争最后还是以武力决定了各自的结局。

时间过了2000多年，清代末期有过一次饭桌上的斗智活动。主角变成了林则徐和英国使臣巴夏礼。巴夏礼请林则徐吃饭，饭后的甜点是冰激凌，林则徐没有见过这路西洋吃食，看到冰激凌上冒着白气，以为很热，便呼呼吹气。巴夏礼和在座的英国商人看到此景呵呵大笑。林则徐暗记心中，没说什么就告辞了。

转天，林则徐请巴夏礼吃饭，特意为巴夏礼准备了一道家乡菜"槟榔芋泥"，用猪油和糖炒熟芋泥，颜色浅灰油亮，表层略干，遮住了内里的热气。巴夏礼不明内里，以为是冷菜，拿起勺子就大口吃进。芋泥细腻软糯，入口就粘在口腔里，吐不出，难咽尽，巴夏礼被烫得是满嘴脱皮，有苦难言。

菜是一中一西，一冷一热，林则徐丢了面子未伤身体，巴夏礼是伤了身体丢了面子。虽然是夷人欺我在前，但林则徐的做法未免有些不够厚道。餐桌上的一时之快是不能富国强民的，也不可能阻止鸦片对华夏的侵害，珍馐美味挡不住坚船利炮，面对西方列强的虎视眈眈，用这样的方式得一时之快，让我感到了国力衰弱的悲哀。

这是个野史趣闻，当不得真。但是这则趣闻反映的心态，却是我们必须摈弃的。这样的快感只能是茶余饭后的笑料，无法成为我们民族精神的内涵。

这样的例子不能说明中菜比西菜高明，不同地理环境下产生的饮食文化，自有其各自的特点，菜品呈现自然会有各自的习惯方式。中菜西摆是改造中国菜的一种尝试，一种探索，是国际交往中必备的、大多数人都能接受的通用原则（看看 G20 峰会的宴会菜式即可明白）。

诚然，不是所有的中菜都适合西摆，当然也没有人要求所有的中菜都要西摆。中菜西摆不过是中国饮食发展变化中，一种中餐向国际化靠拢的现象，是中餐在改革开放形势下必然的变化。

用筷子的比用刀叉的聪明吗

在浙江开化参加一个美食论坛，很多烹饪大师说了很多心得，其中一位大师的主题和中菜西摆有关，演讲的具体内容我没记住多少，倒是大师开篇时讲的一个和蔡元培有关的故事引起了我的一点思考。

蔡元培，1916年至1927年担任国立北京大学校长，在担任北京大学校长的后几年还兼任中法大学的校长。1924年中法大学董事会在法国里昂开会时，吃饭用的是筷子。法国朋友觉得刀叉比筷子方便并且文明，蔡先生对此说道："早在3000多年前，中国人的祖先也用过刀叉，不过后来因为礼仪，出现刀叉会被人视为凶器，再说，中国烹饪技术大有改善，不需要就餐时还一块一块地割肉，所以从商周起就改用匕和箸了。"这段话简要说明了中国人就餐工具的历史沿革，从刀叉到筷子的变化，和中国饮食发展变化有关，与中国人的食物困境有关。好事者却从蔡先生这段话中解读出中国人比外国人文明懂礼仪，使用筷子吃饭就是文明进步的结论，倒也是脑洞大开的"妙论"了。

筷子，是中国人以及受汉文化影响的东亚汉文化圈吃饭时的主要餐具，据说最早出现在殷商时期，河南安阳市的殷墟出土文物中有铜筷子，大概就是最早的筷子了。战国时期韩非子在书中说："昔者纣为象箸而箕子怖。"纣是商纣王，距今有3000多年了。3000多年前，中国就有了象牙筷子，不过这是贵族用的，百姓使用的多是竹木所制的筷子。《礼记·曲礼上》提及"羹之有菜者用梜"。

中国人吃饭用筷子，西方人吃饭用刀叉，这是和各自的饮食传统文化有关，谈不上谁比谁更文明一些，进化得更好一些。中国是粒食，大米、小米都是一粒粒地做成饭，即使是小麦，最早也是粒食，过了很久才开始磨成面粉的。早年间为了节省粮食，粟米很是粗糙，因此需要羹来润滑，羹开始时是肉羹，后来慢慢有了肉菜羹、菜肉羹（顺序不同表明材料比例不同），慢慢地菜越来越多，肉越切越小。肉比菜好吃且富有营养，按照中国尊老的观念，好吃的都要先紧着长辈吃，菜多肉少不好区分，于是就要把肉挑出来给老人、长辈，于是筷子应时而生了。所以汉代学童教科书《急就篇》说："箸，一名梜，所以夹食也。"为夹肉（羹中精华）才出现了筷子。

筷子的出现是中国人生活智慧的表现，同时也暗示了中国古代饮食的困境。首先是吃的粮食比较粗糙，因为难以下咽而产生了羹（菜），中国饮食文化中菜饭的对立统一由此形成；其次，羹的演变过程说明了肉食的稀少，必须有专门的工具对待（中国人早期吃饭是用匕，兼有刀和勺的作用，用野兽的腿骨打磨而成骨匕）。

用匕这样的食具捞羹里的精华显然是不方便的，用筷子对付小肉粒那就是再方便不过了。欧洲人饮食传统是烧烤，肉食也是他们的主要食物，最早是只有刀没有叉，刀叉同时出现使用大概是 15 世纪前后的事情，是根据欧洲人的饮食习惯逐步提炼出来的。刀叉的使用很适合分餐制，以致形成了西方饮食的分餐方式，进而影响到独立人格的形成；中国人使用筷子，慢慢形成了合餐制，强调家庭和集体观念，这也让华人家庭观念格外明晰，牢固。筷子与刀叉的分野，只是因为不同的饮食习惯，哪有什么高低之分？更不存在谁比谁高明的说法。

中国年的丰富与斯巴达人的生无可恋

春节的正日子，我们习惯叫它大年初一，这一天又叫"三元"，一年的第一天，春季的第一天，正月的第一天，"元"有开头的意思，后引申为开始。这一天是中国最重要的节日，是在汉武帝时期确定的。在此之前，因为纪年方式的问题，春节（大年初一）的日子有十月一日的，有腊月一日的，司马迁建议汉武帝使用太初历，才确定了夏历的正月初一为岁首，也就是今天的大年初一——春节了。民国时期，1911 年 12 月 31 日，湖北军政府在发布的《内务部关于中华民国改用阳历的通谕》中，明确将岁首称为"春节"，将公历 1 月 1 日称为"新年"。这是要废除中国传统春节的一次行动，但是终究没能挡住两千多年来的历史积淀，没过几年，人们还是照样过传统的春节。到了 1949 年 9 月，政协会议上明确了农历正月初一为春节，算是把传统接续上了。不过在 20 世纪 60 年代中期，提倡"过革命化的春节"，很多地方取消了春节假期，和平时工作日一样，到了70年代早期才恢复回来。到了后来，开始有了7天的假期，春节越发成为人们心中最重要的节日了。

有人总结说，中国人遇到自己的节日就去吃，遇到无中生有的节日就是买。想想当下的现实，说得还真有几分道理。春节是自己的节日，自然是离不开吃了，而且还要比平时吃得丰盛一些，花样多，肥厚的食物也多。有人抱怨过年胖五斤，大致就是春节期间吃得太好了，太多了。虽然现在大部分人不缺嘴了，但是在春节期间全民大吃大喝的浪潮席卷下，吃得还是要比平时多一些。短缺时代都指望着过年期间补充油水呢，现在则是沿袭着过去的习惯，过年总要比平时多些吃食。

日子过得好了，必须要在吃的上面体现出来。我家的主菜是河豚佛跳墙，里面有河豚、海参、鲍鱼等，浓汤炖到入味，吃起来香醇鲜美，粘齿黏唇。平时基本上不会吃这种菜的，过年了才有可能奢侈一把。以前说谁家过年不吃饺子呀，现在呢，饺子必须有，海鲜大菜也不稀奇了。别的追求可以没有，再不吃点好的，日子过得还有什么意思呀！人生属于自己的享受无非是美食与美色，所以才有"不负舌尖不负卿"的诗句流传，没有了这种对欲望的满足，怕是人生的动力也就随着消失了吧？

这一点上斯巴达人和中国人真是太不同了。历史上的斯巴达民族是个英勇善战的民族，公元前5世纪，他们占领了雅典，结束了古希腊民主、哲学、艺术繁荣的黄金时代。按照《恶魔花园：禁忌食物的故事》作者艾伦的说法，斯巴达人的骁勇善战是建立在他们"竭尽全力，使进餐变得完全像是人间地狱"之上。一个讲究生活品质的希腊人去斯巴达进行了一次饮食之旅，对这次旅行史学家有些这样的描述："当他躺在木制的凳子上，并且与斯巴达人共同进食时，他说他向来对斯巴达人的勇气惊叹不已，直到他亲临其境后，才发现比起其他民族，斯巴达人并无任何过人之处……显而易见，即便是对世界上最胆怯懦弱的人来说，与其忍受那种生活，不如干脆战死疆场。"（《恶魔花园》P109）

这段话的意思可以理解为，恶劣的饮食让斯巴达人生无可恋，干脆去打仗好了。"一日三餐是在杯盘狼藉的大厅里集体供应，量少得可怜，其目的就是让公民吃不饱。他们的一道国宴菜是一种精心准备的令人作呕的黑肉汤，是由原汁猪肉汤、动物血加上醋和盐烧烤而成。"（《恶魔花园》P108）如果每天都吃这样的食物，还真是不如随军出征了，既然生无可恋，驰骋疆场就是那些被恶劣饭食击败的勇士们的最佳选择了。

我是做不了勇士的，看来只能是回来吃我们的佛跳墙了。

一道菜，联系起世界四面八方

休假回来后的第一天，就去参加了一位来自意大利罗马米其林餐厅的主厨的午宴，菜单有三套，我们尝试了其中的一套。吃下来感觉有些菜颇具南美特色，来自罗马、出生于哥伦比亚的星厨，还是把他从小熟悉的味道融进了对意大利菜的理解和制作中。

前菜的名字是"琥珀鱼，哥伦比亚酸橘汁腌鱼，荔枝泡沫，芹菜"，这是一道典型的南美风味菜肴。菜挺好吃的，酸甜的汁和鱼肉配得和谐舒服，吃得到鱼肉的鲜美，去掉了腥气打开了味蕾，作为前菜来讲很是得当。

按照《食物语言学》一书作者任韶堂的考证，酸橘汁腌鱼（ceviche）这道秘鲁国粹、南美洲的风味菜，其实和日本的天妇罗、英国的炸鱼薯条、西班牙的油炸调味鱼、中东地区的糖醋炖牛肉等菜肴有些亲属关系，它们都源自 1500 多年前波斯沙赫最喜欢的菜——醋香炖肉。《食物语言学》一书第三章的题目就是"从醋香炖肉到炸鱼薯条"。

历史留给今人很多风味菜肴，其中有一些风味的诞生是由于早年间保存食物的需要，在中国最典型的要算是腌腊食物了。为了保存那些肉类、鱼类和蔬菜，便有了腊肉腊鱼和各种腌渍菜。时间久了，演变成一种饮食风味，文艺一点的说法就是有了"风的味道，时间的味道，阳光的味道"。醋香炖肉在全世界流传开来，被许多水手喜爱。航行需要携带容易保存的食物，醋是很好的防腐剂，因此醋香炖肉可以保存很长时间。航行中，更容易获得的是各种鱼类，因此就有了醋香炖鱼，为长期在大海上的水手提供美味的食物和优良的蛋白质。从醋香炖肉到醋香炖鱼，是在流传过程中产生的，随着流传范围的扩大，还会有新的原料、新的风味加入，到西班牙就变成了油炸调味鱼，西班牙殖民者又把这种风味带到了南美洲，利用当地的橘汁代替了醋，南美洲的国菜酸橘汁腌鱼由此诞生，也就是我们今天吃的这道菜了。

葡萄牙人在东方利用中国的澳门与日本人做生意，把炸面粉裹鱼带到了日本，1639 年出现在《南蛮料理书》中，到了1750 年左右，这道菜有了个日本名字——天妇罗。被西班牙和葡萄牙驱赶出境的犹太人把炸面粉裹鱼又带到了英国，慢慢形成了英国的国菜——炸鱼薯条。

任韶堂对此总结说："这道被许多国家称为文化瑰宝的菜肴（秘鲁、智利、厄瓜多尔的酸橘汁腌鱼，英国的炸鱼薯条，日本的天妇罗，西班牙的油炸调味鱼，法国的肉冻）是由古巴比伦伊什塔尔的崇拜者构想，由琐罗亚斯德教时期的波斯人发明……由秘鲁菜和莫切菜融合，由葡萄牙人带入亚洲，由犹太人带入英国。他们都是由醋香炖肉衍生出来的菜肴。"

世界历史上食物的交流一直都在以我们不曾注意的方式频繁发生着，这种交流借助着贸易、移民、迁徙等方式，影响并丰富了我们的生活。今天，食物保鲜技术的发展和交通运输的便利，让食物间的交流变得更加丰富快捷方便，人们甚至为了某种目的或者利益，有意识有目的地促进这种交流，改变大家的饮食习惯和口味习惯，这也造成了区域性味道的变化与丰富。广义上看，这就是世界平面化在饮食上的反应，是趋势，更是味道变化的规律。看到这一点，也就不难理解一些风味酒楼离开本土开到外埠的时候，会做一些适应当地口味的调整，这种调整既是主动性地适应市场，也是在当地口味的逼迫下被动性地改变。

第❸篇

思味儿

淡处当知有真味

吃上面，没有物美价廉这件事

每天写日记都是夜深的时候。

我晚上的时间大致是这样安排的，如果出去吃饭，回家后会泡上一杯茶，喝茶看书，借此化食；当感到有点困了，就放下书本写日记，这个时候一般是12点以后了。写得简单些差不多到一点多，长一点就要一点半以后了。然后洗漱抽烟，利用残余的一点兴奋劲儿，再看一会儿书，直到睁不开眼的时候。今天12点半开始写，希望早点写完睡觉。

上午在食尚小米那里直播了一个饭局，旺顺阁的外卖年夜饭还真是不错，主菜是鱼头泡饼和金银蒜蒸阿拉斯加蟹。这两个菜都是我喜欢吃的。一个是北方的重口味，一个体现粤菜的清淡鲜美。本来是个八斤重的鱼头，被我换成四斤的了，八斤太大了，放到桌子上别的菜就没地方摆了。我爱吃汤泡饼，中学时代我烙的饼可好吃了，尤其是家里炼了猪油以后会有油渣，把油渣切碎，撒些盐，拌入大量的葱花，这样烙的葱花饼好吃极了。后来家里不怎么吃猪油了，没有油渣了，我也很少做饭了，油渣饼也就不再做了。虽然在餐馆里吃过油渣饼，但是没有一家餐馆的油渣饼比我记忆中自己烙的好吃。可能是记忆的问题，也可能是真的没有我烙的好吃。

上午的菜不错，也很丰富。不过我想说的是在饮食上千万不要相信什么物美价廉，超值享受之类的话语。鱼头泡饼很多餐厅都有，当年拍《上菜》的时候，去了三家鱼头泡饼店，一家58元一份，一家78元一份，一家78元一斤、四斤起，当时觉得为什么会有这么大的差别呢？最贵的那家一份要比便宜的那家贵出260元，拍完尝过，也就明白了。贵的鱼头出自一级饮用水水质的大型水库；便宜的那家，食材就是鱼塘里的。前者没有土腥味，头大脂肪厚，炖出来口感味道都属上乘；后者无论怎么加工都去不掉鱼塘泥土的"芳香"。前者是生长期八年的鱼头，后者是生长期三年的鱼头。这样一比，哪个好吃自然就明了了。

价格高低也有一定的理由。也许有人觉得不就是个鱼头吗？多花那么多钱值得吗？这种看法就是见仁见智了。条件允许，就多花钱吃点好的，条件差一些，凑合吃便宜的也行。可是人生的饭是吃一顿少一顿，为什么不吃点好的呢？吃饭这件事又不是旅游时在风景点拍照打卡，立存此照便可证明爷我来过了。吃饭品味，好的与差的给人们带来的味道感受和心理愉悦度是完全不一样的。也许我们在金钱上、才华上超不过那些福布斯排行榜上的大佬们，但是吃个鱼头却是可以与之并肩的。一分钱一分货的道理都明白，贵的不一定是好的，但是好的一定是贵的。清远鸡是广东名鸡，价格比白条鸡肯定贵上许多，当然味道也会好上许多；阿拉斯加蟹产自高纬度冷水域，肉质紧实鲜甜，算是海蟹中的名品，价格自然也不会便宜。过年总是要吃点好的，好在哪里？食材好，味道好，才是真的好。便宜的、超值的，怕只能是差强人意了。

人生不如意十之七八，真正属于自己的无非是美食美酒美女，所谓"不负舌尖不负卿"说的就是这个道理。如果能想明白这个道理，还是多花点钱吃点好的吧。

和谁吃解决了

饭局哲学的终极问题

过了正月十五，年就算是过完了，新一年的工作就开始了。前几天上海的哥们帅晓剑把我介绍给了一个视频制作团队，导演和我电话联系了一番，约定今天上午录制。

视频是和冯仑对话，聊聊吃喝的事情。九点钟开始，十一点前结束。导演说基本没有废话，除了把一些零碎剪掉，基本都能用。我觉得这是必然的，谈话涉及的话题正是我这段时间关注的，观点、实例信手拈来，谈话自然顺畅了。吃饭这件事可以聊的东西很多，吃的文化基本贯穿了中国文化发展的始终，随便挑个话题就能说上半天。对于今天人们吃喝的追求，我的建议是安全健康和多样性。这个观点冯仑先生也很赞同。因为社会发展水平提升，已经让大部分人解决了吃饱的问题，从而上升到吃好的层面。那什么才是好呢？那就是安全健康了。

第**❸**篇 思味儿

145

对话的后半部分主要讨论的是饭局。"饭局"这个词是宋代出现的，直到今天仍然有旺盛的生命力。把饭和局连在一起组成一个新词，赋予了吃饭新的内容和多重意义，在今日的中国，吃饭（饭局）更有着特殊的意义，成为人们沟通交往最常用的方式之一。就目前社会经济发展程度而言，吃饭（饭局）这件事针对不同的人群、不同的阶层，意义还是有所区别的。获取基本能量、营养，保证能够活下去是最基本的层面，这个已经完全实现了。利用饭局沟通交往大致是白领和一般城市居民经常采用的一种形式。通过饭局勾兑，进而获得利益这在前些年常见，表现也是赤裸裸的，这样的饭局一定会花很多钱，但是吃什么已经不重要了，通过饭局获得的利益要远远超过饭局的花费。这样的饭局近几年有所收敛，但依然存在，只是不那么公开，不敢那么赤裸裸了。再有就是无功利性的饭局，几个三观接近、趣味相投的人聚在一起，享受饭菜（美食）带来的愉悦，花费无所谓多寡，关键在于气氛融洽，饭菜适口有新意。

就我的观察来看，第一类饭局的比例在 35% 左右，第二类饭局大致是 40%，第三类饭局的比例在 20%，第四类饭局大概在 5%。个人是最喜欢第四类饭局的，但是这样的饭局实在是太稀少了，参加比较多的是第二类饭局，获得快乐最多的也是第二类。第三类饭局经历过一些，终因自己是个小人物，在这类饭局上属于边缘化的角色，于是能不参加就不参加了。

陈晓卿针对饭局说过一句特别牛的话：最好吃的是人。和对的人一起吃饭，所获得的乐趣大概可以和"子在齐闻《韶》，三月不知肉味"相媲美。斗争哲学讲，与天斗其乐无穷，与地斗其乐无穷，与人斗其乐无穷。我不是斗争哲学的信奉者，我相信"人之初，性本善"，我愿意把人、把事往好了想，那么借用斗争哲学的句式来说，就是：与天和其乐无穷，与地和其乐无穷，与人和，更是其乐无穷了。美女在，那是秀色可餐；菜品好，满足口腹之享；有观点，可以学人正己；有妙论，可做人生指南。这个时候，吃什么已经不重要了，重要的是和什么人吃！细细体会一下陈晓卿老师的"吃人"理论，真心觉得由此解决了饭局哲学的终极问题：吃什么？去哪吃？和谁吃？是的，无论从哪个角度讲，和谁吃都是饭局哲学中最为重要的。

你吃什么就是什么人

朋友从巴黎来，约我见面，说要请我吃饭，还有礼物送给我。到了北京，怎么能让朋友破费呢，电话沟通了一下，决定我请他们吃饭。她变成了他们，是因为还有几个法航的客人，去年为了调整法航巴黎到中国的航班头等舱、公务舱的菜单，他们来北京找过我，谈了几家之后，他们请了健一公馆的总厨赵光有先生，于是今年法航飞往中国航班的头等舱和公务舱菜单，有了赵光有师傅的菜式，中国人吃起来估计可口了许多。

法航尝到了甜头，今年要在经济舱菜单中也加入中国元素，中午吃饭时正好可以聊聊。不过我也给不了他们什么建议，经济舱逼仄的空间，根本没有欣赏美食的环境和心情，随便吃一口，睡一觉就到巴黎了。这个时候吃什么真的不那么重要。

在朋友住的酒店附近的眉州东坡酒楼小聚一下，要了几个菜，大家都喜欢，尤其是烤鸭，让两个法国人吃美了。我喜欢夫妻肺片，辣油调得实在是香。葱香虾是我第一次吃，没想到肉弹味浓，又香又过瘾。眉州东坡酒楼这些年越来越让人喜欢，是家价钱不贵吃得不错的餐厅。

朋友带着女儿来的，小姑娘很喜欢眉州东坡酒楼的包子，连着吃了三个，还吃了一片扣肉。没想到在巴黎长大的孩子这么爱吃中国的包子。最近看了一些饮食文化方面的书籍，几本书里都有这样一个观点：你吃什么就是什么人。小姑娘虽然在巴黎长大，和同学都是讲法语，也很喜欢自己学校食堂的食物，但是，这样毫无障碍地吃包子、吃扣肉，看来骨子里还是中国基因强大。

经济舱的餐食口味重一点大概也是可以的。在高空狭小的空间里，人的味觉感受力要比在地面上降低许多，重口味、味道有冲击力，倒是可以让人多吃几口的。这也是我选择一家川菜酒楼请客的原因之一。选择眉州东坡酒楼这样档次的餐厅，大致是和经济舱档次相匹配的，但愿法航的经济舱能供应和眉州东坡酒楼一样水准、一样味道的中餐，如果能做到，是会有一些人为了这种中国味道去订法航机票的。

下午回家睡了一会儿，快递的电话叫醒了我。昨天订了四本书，今天就送到了，速度还真是快呀。四本书都和饮食有关，其中三本是一个人写的，作者迈克尔·波伦，加州大学伯克利分校新闻学教授，"美国首屈一指的饮食作家，其作品多次获得具有'美食奥斯卡'之称的詹姆斯·比尔德奖"。（出版商介绍语）他的三本书分别是《吃的法则》《为食物辩护》《杂食者的两难》。作者有这样的一个观点：吃的理由绝不仅仅是吃本身，食物还关系到快感，关乎人际交往，关乎家庭和精神生活，关系到我们与大自然的关系，也关系到我们身份的表达。我在中西方很多文化人类学著作中都看到过与此类似的观点，也非常信服这种说法。"你吃什么就是什么人"就是其中一个例证，美食纪录片《舌尖上的中国》中所表达的我们对自然的敬畏，对劳动的尊重，对食物的敬重，都是基于这种观点的细节阐述、画面阐述、实物阐述。片子展现的喜怒哀乐，看片子给我们带来的乡愁怅惘，那些笑脸、那些泪花、那些与自然世界接触中获得的快乐与忧伤，都是由吃引发的深入到我们内心的柔软。

中国与外国、东方与西方，烹调方式不同，口味习惯也有很大差别，但是其最根本的理念却是相通的。迈克尔·波伦的这几本书我还没看，但是我觉得他的书是值得认真看下去的。

还有一本是邓云乡先生的《云乡话食》。有人将邓先生和唐鲁孙、梁实秋并列为中国三大美食家，这个说法我是第一次听到，是否已成公论不好说。但是邓先生这本书我是很早就看过的，当时曾经买全了他的文集。搬家时，绝大部分书籍放到了哥哥企业的仓库里，几千册书打包堆在那里，一直没有时间整理。加上自家房子太小了，到处放的都是书，家人很是不满意这种只适合我一个人习惯的生活空间，因此那些打包的书也就没有拿回来。现在时间成本越来越高，索性买一本新的回来，方便随时翻看。

邓云乡先生是山西人，1947 年毕业于北京大学中文系，先在北京工作，后来去了上海。他写了很多书，记录了很多老北京的事情，吃只是其中很小的一部分。看老先生的这些书，记录的那些饮食故事基本上都是自己的亲身经历，而不是像现在那些人东抄西抄以讹传讹的胡说八道。现在动辄就说什么老北京，可是四十岁以下的人见过老北京吗？

余生也晚，穿越这事是做不来的，踏实认真地看看老先生记录的北京城，补充一些实在的老北京历史文化，就是我买这本书的动因。虽然已经看过了，但是我非常愿意再细细地看一遍，至少不会让我把卤煮火烧当作北京美食介绍给想了解北京饮食的朋友。

调味料还是中草药？

吹牛要上税了

在山西参加《世界面食大会》录制的时候，遇到了两款汤面。有面有汤，面条的滋味便丰富了许多。制作者在介绍自己的面条时，说用来煮肉的汤加了十几种滋补中草药，因此他的汤底不仅鲜美，而且还有很好的滋补效用。

用滋补性中药材熬汤在中餐饮食中很常见，有一次吃重庆火锅时，老板说他们家的底汤加了 36 味中草药熬制而成，除了大麻大辣大油之外，功能接近十全大补丸了。

我不知道老板们说的是真的，还是为了宣传搞噱头。但是我知道，敢这么说的老板大致都是不懂中草药的，也由此可以断定他们是胡说八道的。这样的话根本不能信，如果是真的，这样的东西根本不能吃。因为，这时候你吃的不是滋补品而是毒药。随便拿来一种中药（丸散汤剂都如是）看服用说明，那里都写着：忌辛辣油腻。不管是煮肉的汤还是牛油打底的火锅汤底，哪一个不油腻？麻辣火锅就更不要说了。

抓过中药熬过汤的人，大致都看过医生开的那张药方，少的几味药，多的十味左右，再多的也有，但很少见。一般说中药方很少超过十六味药材，多了也许药性就乱了。三十几味药材和大油大腻一起熬，您说这是熬汤呢还是制作毒药呢？

我很是不屑"三十多种中药材熬汤"的说法，这完全是忽悠人的。有没有滋补作用先不说，难道中国人身体就那么虚，随时都要滋补滋补吗？即使有滋补作用，那么中医讲的也是因人而异，体质不同，要补的也不同，您这一锅汤补天下，听着就不是那回事。你之蜜糖我之毒药，真不是一锅汤就能解决所有问题的。

说到底，老板吹牛不可信，这里面还有一个偷换概念的问题。有些调味料同时也是中药，这就是中医讲的药食同源中的一个部分。八角、小茴香、丁香、草果等既是可以增鲜去腥提香的调味料，同时也是中药材的一种。炖肉烧鱼少不了用这些东西，其作用是调味，和滋补没什么关系。如果硬要把它们说成是中药，和油腻的东西混在一起，药性也就变了。实实在在地说，我用了一些调料把汤底弄得有滋有味多好，偏偏要把正经吃饭搞成吃药养生，好像加了八角、草果、小茴香、豆蔻这类东西，那锅汤就成了汤药了。

北京有句俗语形容讲话不着边际叫"吹牛不上税"，随你怎么说，也没人管你，没人和你较真儿。不过这是以前的事情了，现在再吹这样的牛很有可能要上税了！千龙网的一则新闻说，上海有家酒店煲汤放了冬虫夏草，结果被食药监局罚款5万元。新闻说上海某大酒店内提供的菜谱中有"冬虫夏草炖瘦肉汁""洋参石斛炖辽参"两道菜品，涉嫌添加了西洋参、石斛、冬虫夏草等中药材。根据相关规定，西洋参、石斛、冬虫夏草不属于既是食品又是中药材的物质，不得作为普通食品原料使用（千龙网2017年4月19日）。上海这家酒店在菜肴里加了冬虫夏草、西洋参、石斛这类药材，因为这些东西是药品不是食品，所以受到了处罚。想想那些放了十几味、三十几味中草药的滋补汤，估计食药监局较起真儿来，也会开出罚单的。吃饭就是吃饭，调味料就是调味料，别再说什么中草药、滋补药了，上海酒店的例子表明今后吹牛有可能上税了，再聊什么滋补汤估计也会收到罚单了。

如果一定还要坚持吹牛，那么烦请对照一下卫生部的通知，看看你有没有放错了东西。

卫生部《关于进一步规范保健食品原料管理的通知》，对药食同源物品、可用于保健食品的物品和保健食品禁用物品做了具体规定。

药食同源的物品有：丁香、八角、茴香、刀豆、小茴香、小蓟、山药、山楂、马齿苋、乌梢蛇、乌梅、木瓜、火麻仁、代代花、玉竹、甘草、白芷、白果、白扁豆、白扁豆花、龙眼肉（桂圆）、决明子、百合、肉豆蔻、肉桂、余甘子、佛手、杏仁（甜、苦）、沙棘、牡蛎、芡实、花椒、赤小豆、阿胶、鸡内金、麦芽、昆布、枣（大枣、酸枣、黑枣）、罗汉果、郁李仁、金银花、青果、鱼腥草、姜（生姜、干姜）等80余种。

可用于保健食品的物品包括：人参、人参叶、人参果、三七、土茯苓、大蓟、女贞子、山茱萸、川牛膝、川贝母、川芎、马鹿胎、马鹿茸、马鹿骨、丹参、五加皮、五味子、升麻、天门冬、天麻、太子参、巴戟天、木香、木贼、牛蒡子、牛蒡根、车前子、车前草、北沙参、平贝母、玄参、生地黄、生何首乌、白及、白术、白芍、白豆蔻、石决明等110余种。

保健食品禁用物品包括：八角莲、八里麻、千金子、土青木香、山莨菪、川乌、广防己、马桑叶、马钱子、六角莲、天仙子、巴豆、水银、长春花、甘遂、生天南星、生半夏、生白附子、生狼毒、白降丹、石蒜、关木通、农吉痢、夹竹桃、朱砂、米壳（罂粟壳）等60余种。

我们应该怎样向古法烹饪致敬

北京这几天进入极寒天气，白天的最高气温在 –5℃，开车的时候方向盘冰凉，开了一段时间，车里空调热了一会儿，才敢很认真地握住方向盘。

从福建回来后就进入忙碌状态，要见几拨人，要写很多篇稿子，还要设计一些事情，躺在床上脑子也闲不下来，一天下来困乏不堪。总是说要闲下来歇歇，可总是有处理不完的事情。不管怎么抱怨，事情还是要做的，不做事就挣不到钱，毕竟还要养家糊口，只能咬牙坚持了。

参加了一个"向中国古法烹饪致敬"的主题活动。主办方西门子家电选了一家餐厅，由主厨做几个传统菜肴。这些菜来源于古书上的记录，或是从古人的菜谱中找出来做一番演绎。菜做得不错，大家吃得也很开心。每一道菜上来，主厨都会为大家介绍，出自哪里，有什么特点，自己做了哪些改良或是发挥。席间，主办方要我讲几句如何看待致敬古法烹饪这个理念。犹豫了一下，放弃了最想表达的意思，配合着整个晚宴的气氛，说了一些我的看法。

向古人致敬，向古法烹饪致敬，我们致敬的应该是古人的智慧，致敬先人在饮食上的发现与创造，而不是致敬方法。方法是智慧与思想的外化，时代变化，方法也在变化，古人的方法不一定能够适应现代餐饮，但是古人的智慧却可以提醒我们、指引我们找到适应新时代消费需求的路径。味道传承是前辈人多少代的积淀，今天的人对古早味道需要创造性地继承与发展。中国人偏爱传承下来的食物，只是，这种对"传承"二字的迷恋，并非还停留在那个传统饮食文化的"旧中国"里。偏爱传承下来的食物，源于对食物传统的追溯，对原汁原味的追求。

在我看来，餐饮业的发展一定要跟随着社会发展同步前行。无论是市场因素还是效率原因，我们再也回不到柴火饭的时代了。所谓回不去，就是我们不可能再回到原材料自然生长、小农时代道法自然、制作方法古朴传统的年月了。社会发展到今天，餐饮市场的需求旺盛强烈，餐饮服务已经成为服务行业中的主要角色，任何一个城镇，餐厅酒楼的数量都不少，前往就餐的人数也在逐年增加，这在改革开放前是不能想象的。

我们还有这么多餐厅，这么多饭馆，还有这么多人要去吃饭，现在食品工业给我们提供了很多便利，包括速生的，大规模种植的，工业化养殖的。工业化发展还为我们提供了很多调味品，比如各种调料。

这对新一代厨师提出了一个要求：即你是否能用掌握的技巧和知识，把现有的原材料调好味道，做出好吃的菜肴来。这是年轻一代厨师需要深入研究和学习的。现在的制造业，给我们提供了更多关于烹饪方面的工具，这些器具非常的便利和标准，有时候你人工出现的误差它是出现不了的。

有时候中餐烹饪的落后，其实是我们工具上的落后，那些先进工具不仅仅带来标准化和操作上的便利，同时让你对味道的可控性和把握度也有了很大的提升。

中国人本身就重视调味，中餐有各种各样的味道呈现，在现代器具的帮助下，食品工业也为我们提供了各种调味品，就看我们的年轻厨师能否把这些东西利用好，做出好味道的东西来了。

我
理
解
的
轻
食

　　这是为一本健康杂志写的专栏文章，里面的内容，也是我现在饮食上想追求的，只是嘴馋且惯性难改，到现在依然是喜欢肥厚之物。譬如红烧肉，譬如猪大肠，譬如和牛，譬如烤鸭。

　　大学刚毕业的时候，我的身高是 174 厘米，体重 54 公斤，腰围 60 厘米。这样的身材指数让同班女生很是羡慕。只因为太瘦了，脸上基本没有肉，加上两颗龅牙，这副长相让师兄英壮给我起了个外号"鬼"。不过这个外号流传范围有限，还没叫开我就毕业离开校园了，外号也就慢慢湮灭在同学间只是偶尔的联系中了。

　　改革开放初期，物质还比较匮乏，这也是我的大学时代。那时候什么都敢吃、什么都好吃，而且还怎么吃都不胖。惯性让我用这样的方式对待毕业后走上社会的吃喝，身体却迅速地胖了起来。几年时间，体重增加到 75 公斤，腰围 90 厘米，从一个瘦子变成了一个胖子，到现在依然是一个体重严重超标的胖子。原因无他，肥厚之物吃得太多。

很多时候人们对肥厚之物的喜爱是基因的作用。人类之初那些年月，茹毛饮血也还吃不胖，长期饥饿状态和肉类熟食的美味以及对进化的作用，使得对动物蛋白丰富的肥厚之物的喜爱烙印在人类的基因里，即使物质极大丰富后，这样的基因作用依然存在。只是因为人类过上好日子的时间与祖先顽强向现代人进化的历史相比，短到趋近于 0。相比于人类社会进步速度，基因的改变是缓慢的，滞后的，这也就是现代富足之后的人们依然喜欢肥厚之物的原因了。

人是感性动物，感官享受总是让人留恋、喜欢的，但很多时候也需要理性来规整自身的行为。肥厚之物是感官享受，不加节制，不可避免地会带来对身体的伤害，这时候理性就会出来了，用知识的力量来限制感官的无节制，说到底是文化的力量。人类文化源于饮食，到今天来规范饮食、限制饮食。现代文化产生的饮食健康理念，文化对人类的进食行为进行约束，外在的观点看法成为内心的需求（谁不想健康长寿呢），从而在饮食合理化上前进了一大步，轻食也就应运而生了，轻食潮流兴起于西方而不是中国，也是这个道理。

这里说的轻食，不是食物的品种，而是一种进食观念和选择食物的观念。一是不要吃太饱，二是摄取蛋白质丰富的食物要适量。

轻食于我具体是两个方面：吃的内容，也就是食物种类的选择。虽然内心喜爱，但是有些爱吃的必须节制，甚至放弃。爱情上有别为了一棵树放弃一片森林之说，食物也是如此。生有涯吃无涯，放弃是为了见识更多、吃得更多更长久。另一个方面就是进食的节奏了。常说坐下七分饱，站起正合好。坐在桌边觉得吃饱了，站起身来你就会感觉吃多了，吃撑了。细嚼慢咽可以减少进食量，还可以促进对营养物质的吸收。科学研究证明，饱没饱是由脑子决定的，由胃到脑需要时间；同时唾液对消化很有帮助，慢嚼唾液分泌多，也给了大脑一定的反应时间。

　　轻食对于现代人的作用简单来说，就是吃得清淡一些，吃得少一些。这样的饮食习惯对身体健康大致是有好处的。这是环境的要求，也是饮食文化发展的要求，更是时尚观念对人潜移默化的影响。

从慢食到简烹

标哥是我的朋友，本名叫林贞标。前些时间标哥微信传给我几篇文章，告诉我他又要出一本新书了。标哥说："答应过的序言要抓紧喽。"于是几次延误后，终于可以交给标哥了。

2015 年 11 月，为了白松露，我和大董、徐小平等人一起去了意大利的阿尔巴，几天的行程里，挖了白松露，吃了白松露，买了白松露，可谓是收获颇丰。回国之前，接受慢食运动发起人卡尔洛·佩特里尼（Carlo Petrini）的邀请，我们一起吃了午饭，实际体会了一次慢食，由此开始关注慢食运动。

慢食运动是针对快餐流行而发起的，旨在唤起人们对饮食传统和食物本身的尊重，放慢进食节奏，享受食物给人们带来的快乐。标准化工业化生产的快餐食品，为人们提供方便快捷的同时，也在一步步蚕食着人类的饮食传统和饮食文化的传递。卡尔洛·佩特里尼为此发起了旨在放慢生活节奏、发现食物乐趣的"慢食运动"。美味，环保，公平，是慢食运动的三大原则，倡导用多一些的时间和从容的心态享受食物给人们带来的快乐。食物王国的丰富多彩，也许只有通过慢食才能体会到它们的精彩。

慢食（从容）出真味、出美味，真味、美味的成就过程成了人们关心热议的问题。不同的厨师使用不同的烹饪方法，让美味有了多种表达方式，科学科技的介入，食物的呈现更是百花齐放。分子料理浪潮过去后，那些先锋烹饪的大师们开始研究同等条件下（如一锅同质的汤水）食材不同的形状对味道的影响，寻找蛋白质发酵的峰值。相比于传统烹饪的烧烤焖炖蒸煮炒炸等方式，汤煮这种看似简单的方法是高层面上对真味的探求，是在现代烹饪理念中的返璞归真。以简单手法追求味道的极致，这又让我想到宋代林洪在《山家清供》中记录的至简烹饪的菜肴"傍林鲜"："夏初，竹笋盛时，扫叶就竹边煨熟，其味甚鲜，名'傍林鲜'。"竹林里挖来鲜笋，就在竹林边用竹叶小火慢慢煨熟而食，可谓是简烹的巅峰之作了。

烹饪技艺的百花园里，简烹只是其中之一，林贞标先生更进一步，白水煮出真味香。他在《自序》中说："这本书的每一个字都是用白水煮了吃出来的。"凭着这份执着，林贞标先生出版了《玩味潮汕》之后没有多久，就有了这本记录他在追求本真滋味过程中的心得，这本书里有他的味道心得，更有他赋予食物的真实情感。"食物只要事前处理做得好，只需用最简单的方法去烹煮，只要把它的火候掌控好，便能表现出真正的美味。"林贞标如是说。

快餐的恣意汪洋让慢食成了当今世界范围内的运动，脑满肠肥带来的身体压力、环境压力，让简烹成为今天的健康时尚。"无论从健康的角度，还是对于食物理解的一种返璞归真的回归，简烹势在必行，所以决心动笔把我对食物的简烹理念和做法写出来，希望能带给对吃有要求的朋友们一些参考意义。"这是作者的期望，更是我这个追随者的愿望。

民国菜是什么菜

到南京参加"第十届南京美食文化节"的间隙，朋友带我去吃民国创意菜。陆陆续续上了一桌子菜，主厨介绍说，民国菜也需要创新，需要加入现代人的创意，这样才能吸引客人留住客人。

听了主厨的介绍，我想的却是另外的概念。中国菜的风味基本上是以地域划分的，也就是"味之于口有同嗜焉"，一个区域内人们的口味习惯大致相同。民国是个时间概念，也就是1912 年到 1949 年这段时间，民国菜大致也就是这段时间里在南京出现并出名的一些菜，是各地不同风味在一个区域内的集合，而不是这一地域风味的积淀与总结，这样的菜式再去创新创造，该是一种什么菜呢？

按照沈宏非老师的说法，民国菜大致可以这样定义："近年来南京官方和民间相继整理出来的'民国菜'，从盘面上看，无不以著名民国人物为纲，以其曾吃曾喝为目，然后纲举目张地上菜。"作为民国时期首都的南京，当年聚集了全国各地的名流，这些人也把自己的家乡风味带到了南京，不过这只是他们圈子内的私享，和南京市面上的餐饮没什么关系；还有就是那些名人在南京吃过的一些菜，或记载或传说地留在了一些餐馆里，因为名人赏识从而进入了南京民国菜系列中。

我不知道这样的理解对不对，虽然我对"民国菜"很不以为然，可是在南京倒是经常听到"民国菜"的说法。所谓民国，不过 38 年时间。这期间，前期是北洋时期，民国的首都也迁到了北京，中间北伐成功，东北易帜，国家统一，首都迁回南京，从而有了 1927 年到 1937 年十年较为平和的发展时期，然后就是抗日战争和解放战争，南京基本上没怎么消停过。这样的历史进程中，能有什么菜可以成为阶段性的代表菜式呢？聚拢起那些旧日名人吃过的菜肴真的就能填满"民国菜"这个筐吗？就真的能够成为南京的美食标签、被消费者认可接受吗？提出"创新民国菜""创意民国菜"，大概也是意识到了所谓"民国菜"已经难以适应目前餐饮市场的竞争了吧？

在我看来，"民国菜"基本是个伪概念，实际内容不过是当时南京及周边地区常见的一些基本菜肴，而这些菜肴不过是当地存在很久的传统菜式的精选，和民国的关系不大。因此做民国菜不如根据当地的饮食特点、基础食材，发挥厨师的能力做出一些好吃的地方风味菜肴，好吃的地方风味远比一个缥渺的概念更能打动消费者的味蕾。2016 年的夏天，曾在南京"总统府"边上一家酒店的中餐厅吃饭，厨师根据自己的习惯和对当地市场的了解，做出几个认为合适的菜。这几个菜有台北风格的，也有略带四川风味的，食材精选，制作认真，味道清鲜淡雅为主，重味的口感鲜嫩，味道层次分明，几个菜的组合成就了一顿舒爽适口的午餐。我觉得这样的菜是好吃的菜，早就把酒店主打的"民国菜"忘得干干净净了。菜一定要好吃，这是硬道理，至于什么概念倒是可以忽略不计的。

地图，旅行，菜系

　　有一段时间我特别喜欢看地图，家里买了各种各样的地图，最大的那一种可以铺满一张床。我一个省一个省地看，一条路一条路地看，因此记住了很多地名。当有机会实地探访的时候，有些地方是第一次遇见，但是看到那些熟悉的地名，便有了几分亲切的感觉。如果再把这些地名和某个名菜、某种食物联系起来，眼前的地图就活了，一张纸上幻化出各种的美味佳肴。

　　从地图上的美味佳肴我想到了中国的八大菜系：鲁、苏、川、粤、浙、湘、闽、徽，这些菜系大致是按省际划分的，一些菜系还超出了单个省的区域。以前觉得这种划分挺有道理的，让我们知道、了解了中国饮食的基本味道形态。随着对饮食了解认识的深入，慢慢地觉得这种划分有点简单笼统了，无法细致地反映中华饮食的丰富多彩。尤其是对比西餐中的法国、意大利、西班牙这些饮食发达国家，我们的所谓菜系实在是过于简单粗暴了。

最近去了 Agua 西班牙餐厅，前几天去了 Niajo 西班牙餐厅，这两家餐厅按照老板的说法，一家是瓦伦西亚风味为主，一家是马德里风味为主，按照 Niajo 老板 Alex 的说法，西班牙大致还有加泰罗尼亚风味、巴塞罗那风味、安达卢西亚风味等。一个 50 万平方公里的国家，面积和我国的四川省差不多（四川省 48 万多平方公里），地区风味特色明显且相互独立，对自身的独特性有着强烈的自豪感和区域认同感。而我们整个西南地区（云贵川渝），基本都归属到川菜系中，突出了区域的共性却忽略了各自的特性，这种现象在其他菜系中也有。虽然说"味之于口有同嗜焉"，但是十里不同音，真正深入到菜系涵盖的地区，还是能轻易发现地区间口味差别的。就拿苏菜（淮扬菜）来说，苏南苏北区别就很大，苏南不同地区（苏锡常）的饮食喜好也大不相同。简单地用苏菜来说江苏省的口味传统，很难把这些差别讲清楚。

　　八大菜系的划分是 20 世纪 50 年代后期的事情，在此之前，清末民初有鲁、苏、川、粤四大风味的说法，到了民国时期，更多的是用"帮"这个词。当年在上海就有本帮（上海本地风味）、苏帮（苏州菜）、锡帮（无锡菜）、甬帮（宁波菜）、杭帮（杭州菜）、扬帮（扬州菜）、京帮（南京菜）、徽帮（徽州菜）、潮帮（潮州菜）、粤帮、川帮等，多数的风味菜肴是以城市而不是以省际来命名，这样的划分对风味的识别度显然要明确许多。以重要城市来划分风味特性类型，更能准确地说明区域风味特色，这样的区分倒是与法国、意大利、西班牙这些国家区域饮食特色的划分类似，我以为是相对准确的，至少比现有的所谓八大菜系的划分要精准了许多。

如今，旅行已经成为生活中经常发生的事情，因美食而发生的旅行已经成为旅游业中一项重要的内容。那么在饮食同质化、味道趋同化日益严重的今天，强调区域饮食特色、保持地区风味的独特性，不仅是丰富饮食文化的需求，也是保持地区人文独特性的必然，更是文化传承中应该具备的重要元素。

甜鲜超越了麻辣，富足之后的口味选择

刷朋友圈，看到《中国餐饮报告（白皮书）2017》中的这样一段话："2016 年，'甜鲜'味型的受欢迎程度已经超越'麻辣'，成为全民最爱。"这个结论引起了我的兴趣，认真地把它看完了。

白皮书中是这样说的："最新数据显示：2016 年，甜鲜口感的受欢迎程度已经小胜麻辣这一记忆度最高的口感。"曾几何时，全民吃辣成为餐饮市场的主题，"麻辣"霸占着人们的味蕾，被认为是"麻辣"代表的川菜，占据着最大的市场份额。而这种现象在去年有了改变！

报告指出："从门店数量来看，'甜鲜'门店数量超过'麻辣'门店。从用户画像中的口味偏好分析来看，重油、重盐、重辣口味偏好降低，以中和健康为特征的甜鲜口感偏好增加。从 2016 年的市场增量来看，在美团大众提取的 16 个城市数

据中，川菜只有厦门、广州、杭州、深圳4个南方城市保持正增长，其余12个城市全年增幅均为负数，其中沈阳跌幅最高，为36%，成都、重庆两大川菜的大本营跌幅为35%，上海、北京、大连跌幅超过20%。"

2013年的这个时候，我曾经为《名厨》杂志写过一篇文章，题目是《淮扬菜终将崛起》。在文章中我有这样的观点：随着人们生活水平的提高，对生活质量的要求也会随之提高，反映到饮食上，就是识味辨味的能力提高，对食物本味的追求会成为饮食的潮流，也因此会逐渐远离那些刚猛刺激、过于怪诞的菜式。因此，接北续南融汇东西的淮扬菜（江浙菜）将会成为饮食新宠，这是生活水平提高后的必然选择，只是我没想到这个转折点来得如此之快。

甜鲜超越麻辣，是生活水平提高的结果，更是对前些年横冲直撞的江湖菜的反攻。我曾经喜欢过那些大麻、大辣、大油、大咸的刺激，香口、过瘾、解气的麻辣菜式，但是随着饮食经验的增加，不管是从品味层面出发还是从健康角度出发，我都慢慢喜欢上清新淡雅、醇厚腴美、出本味、见功夫的菜肴，喜欢在平和中品真味，以无味衬有味的饮食感受，就对那些刚猛刺激的菜式慢慢地敬而远之了。

白皮书中正提到了这样一个观点："口味越来越辣，（味道）变得浅薄单调。"因为麻辣之刚猛，已经无法让你品味了。

吃辣，入口即可感知，大麻大辣的菜式入口后除了吸气喝水吃饭外，哪还容得你细细品味？哪还有滋味可品？要吃出鲜味品出美味，需要从容的心态，需要慢品细琢，是一种有钱有闲的消费行为，相比于那些诞生于码头纤夫群体的江湖菜的刚猛强悍，品出鲜甜的文化成本、时间成本、经济成本都要高出许多，因此必然是社会进步、生活水平提高后才能出现的。

改革开放到今天四十年，中国人走出了饥饿，走过了温饱，开始了富足，有钱了吃上也要讲究了，甜鲜超越麻辣成为大众口味的首选，就是生活富足之后在饮食上的直接反映。

为这样的超越点赞！

规
则
的
力
量

见到吴志红是在《中国味道——寻找传家菜》的录制现场。导演和我说，他们费了很多周折才把吴大厨请到北京来参与节目的录制。这个个头不高、标准国字脸上有着一双大眼睛的银川厨师，最近很是忙碌。在"一带一路"倡议的引导下，吴大厨放弃了在开罗生意很旺的两家餐厅，回到老家银川重新创业，努力实现着自己的中国梦。

和吴志红聊天，知道我们在这次见面前已经打过交道了。当年我作为央视纪录片频道美食纪录片《一城一味》的总顾问，拍摄银川美食时，吴大厨就是我选定的当地美食向导。北京名厨郝文杰在银川跟着吴大厨见识了不少当地的美食，还创作了一道以银川沙湖鱼为主要食材的菜——盐烤草鱼。这道菜后来用在北京电视台生活频道拍摄的《上菜（第二季）》中，受到了郑秀生、孙立新二位烹饪大师的赞扬。

宁夏是我国唯一一个省级回族自治区，清真饮食发达兴盛，清真饮食原材料丰富。吴志红在 20 世纪 90 年代代表银川饮食公司参加一个全国性的烹饪比赛获了银奖，在宁夏餐饮界名声大起。宁夏作为回族自治区，和阿拉伯国家交流很多，其中不乏餐饮交流。得了全国性奖项的吴志红多次被自治区派出去参加这类活动。有一次在埃及，吴志红看到有很多中国籍游客吃不惯当地的饮食，觉得在埃及开一家中餐馆肯定是个不错的主意，仅是接待华人旅游者，就足以保证餐厅的生意了。

埃及的工作结束后，吴志红回到银川。不久他又去了埃及，带着自己全部家当和妻子、孩子，到开罗开餐厅创业了。吴志红的眼光很准，加上精湛的中式烹调技艺，餐厅一开就生意火爆。虽然做的是清真菜肴，但味道还是东方的、中国的，因此受到了当地华人和华人旅行者的欢迎。中国菜分了很多菜系，各地都有自己的风味特色，但是只有清真菜没有菜系，基本和当地的风味相同，烹调方法、调味方式也是和所属地区近似，只是原材料严格按照清真规定罢了。中国味的清真菜，当然容易受到华人的喜欢了。吴志红的餐厅在开罗名气很大，他也成为当地知名人物。

吴志红的成功有很多因素，眼光准确、技艺精湛、刻苦勤劳等，都是不可或缺的。同时他的回族身份也给了他很大帮助。比如清真饮食上的戒律或者说是规定，对生长生活在回族自治区的吴志红，是自小就熟知并成为生活习惯的东西。文化的认同，让吴志红比较容易在阿拉伯地区立足、发展。而这样的例子历史上有过很多，郑和下西洋的顺利，也和他是回族有着密切关系。

从郑和到吴志红，民族身份让他们获得了多种便利。虽然有 500 多年的时间差，但是这种身份的认同依然有着巨大的作用。如果抛开宗教的因素，是否可以理解为有相同的原则、相近的规矩，并且大家都认同、遵守这样的原则与规矩，交流的成本就会减少很多，从而更容易合作做好一些事情，也更有利于、有益于美好事物的传播呢？

答案是肯定的。

读书日，读一些和食物有关的书

　　下午约了人见面，在一间咖啡屋聊了四十分钟，完事后溜达着回家。穿着一件抓绒衣走到涵芬楼书店的时候，微有汗意。在澳门的时候，陈晓卿老师推荐一本书给我，商务印书馆的汉译世界名著丛书之《有闲阶级论》，昨天在网上没有买到，涵芬楼书店是商务印书馆开的，正好进去看看有没有。服务员很专业，直接把我带到书柜前，书是按汉语拼音排序的，很快就找到了。

　　曾经很爱逛书店，上学时，周末经常会去书店逛逛，骑个自行车先去琉璃厂，再去王府井，然后到灯市东口的中国书店，再拐到灯市西口的商务印书馆和中华书局，有时买两本，有时就站在那里翻看，大黑了，肚子也饿了，放下书回家吃饭。毕业后这个习惯依然保持着，即使是最潦倒的那段时间，还是会去书店，挤出一些钱买书回家。那时候书店也多，从美术馆到王府井，有十几个书店。曾经传说要把王府井大街打造成书店一条街：从王府井南口的新华书店开始，有新华书店、外文书店、音像书店、内部书店、中华书局读者服务部、商务印书馆读者服务部、考古书店、戏剧书店、美术书店、摄影书店，直到美术馆东街的三联书店，隆福寺街里和灯市东口各有一个中国书店。我家就住在附近，走路十分钟就能一个书店接着一个书店逛下去了。那时手里没钱，更多的是看看逛逛，知道市面上流行的是什么书籍，实在喜欢了就咬牙买下来，几十年间倒也攒下了一万多本书。搬家的时候家具基本都不要了，只是这些书一直跟着我，也因为这些书经常被老婆抱怨，书架满了，书柜满了，桌子上是书，床上也是书，睡觉只能从书堆中扒拉开一块地方，能躺下睡觉就可以了。这样倒是有一个好处，伸手一抓就可以拿本书看起来，累了随手放在一边就是，反正还是要继续看的。

这些书我大概认真看过的只有十分之一，其余的翻过，有一些甚至买来就没有动过，整理图书时总能发现一些有意思的书还没有看过，拣出来放到显眼处准备有时间翻翻，可是随着新书的增加，又有一些书被湮灭在书柜书架深处，不知道什么时候能够再遇到它们了。

这些年专注于饮食，买的看的多是和食物有关的书。前期多是些美食散文，介绍各国各地的风味饮食，看这些书我会买一张大型的地图，对照着地图看食物的记录与描述，增加我的饮食地理知识储存，古今中外都有。唐鲁孙先生的系列美食书籍、陈梦因的《食经》就是我的枕边书，看这些书让我即使到了一个没有去过的地方，大致也能对其饮食特色有个书本的准备，能和食物对照起来，这些食物的记忆就明晰且深刻了。

这几年，区域饮食特色的书籍我也常看，但读书的重点放到饮食文化方面，更多的是看一些理论书籍和饮食文化人类学的书籍，对食物专门史类的书籍看得更多一些。《舌尖上的世界史》《上瘾五百年》《食物语言学》《恶魔花园》等成为我的枕边书，这些外国人写的饮食文化学著作，让我跳出了中餐视角，以新的维度观察食物以及食物与人类的关系、食物背后的文化意义。可以说，这些书是建立正确饮食观不可缺少的理论基础，同时也是重新认识中餐的必要方法论。

今天是读书日，当当网办活动，满 200 减 100，利用这个机会，我买了 500 多元的书，大概月底就能送到。我争取在年底前把这些书看完，虽然现在我对自己的规定是每天读 30 页书才能睡觉，5 月开始到年底有 240 天的时间，按照我的计划可以读 7200 页书，那就是 26 本书，估计是可以完成的。

古人说，功夫在诗外。饮食也是这么一回事，想把饮食琢磨得明白一些，不仅要了解各地具体的风味特点，还要有必要的饮食理论、饮食人类学理论，在食物之外看食物，才能更好地了解食物，才能看到食物背后的文化人类学意义。

第 ❸ 篇 思味儿

第④篇

品味儿

论花天下更无香

味道应该怎样传承

平时参加一些饭局、聚会，总会遇到不少餐饮业的大腕名人。有次遇到屈浩先生和几位餐饮同行，话题多是围绕餐厅管理和厨师出品，还真讲出了一番道理。

我们是在一家天津人开的餐厅用餐，主食上了煎饼，没想到还挺受欢迎。厨师介绍说，煎饼里的薄脆是用烤鸭饼炸的。这个改变引起桌上的讨论，有说好的，也有说不好的。在我看来，这种变化无所谓好坏，一个产品的好坏不是厨师自己的感觉决定的，而是消费者用嘴巴决定的。

当晚的煎饼大家都吃光了，说明这个改变是成功的。大家前面喝了大酒，吃了干烧鱼、铁棍山药烧海参、炸烹大虾、蜜汁牛尾等大菜，还有茴香馅饺子、天津炸糕两种主食，最后还能吃下一个煎饼，就说明这个煎饼好吃。好吃的东西就应该是对的，而不必管它与传统天津煎饼是不是一样。

我一直以为，味道传承的正确与否不在于味道是否正宗，而在于你能否提供满足这个时代消费者喜好的产品。能够传承下去的味道，一定是在人们的唇齿间鲜活流动的，只有这样的味道传承才是有生命力的。

"正宗"是变化的，而不是一成不变的，它应该随着人们的消费水平、消费观念以及社会经济文化的发展变化而演变。与过去相比，现在的原材料来源、烹饪手法和工具都发生了变化，人们的消费习惯和观念也有了变化，那么以前认为正宗的味道也会随之变化。

任何事物都是发展变化的，完美的正宗是不存在的，一成不变的正宗只存在于概念里。所谓"正宗"，只是对某个阶段口味特色做出的大致定义，而不能成为亘古不变的永恒。没有什么是永恒不变的，餐饮人要做的就是顺应时代的变化，跟上时代的潮流，做出让生活在这个时代的消费者满意的产品来。固守所谓的正宗，只能束缚住创新的脚步。这就是餐饮创新中常说的"传承不守旧，创新不忘本"的要义所在。屈浩老师针对创新问题提出了四性原则：方向性、差异性、稳定性、与时俱进性。首先要明确自己努力的方向，其次要突出你与他人的不一样，再次要保证你的出品在一定的水平线之上，最后还必须跟上时代发展的节奏。认真学习领会这一番道理，将会使你的目标明确，在变革创新的道路上，集中你的聪明才智打出漂亮的攻坚战。

这一番论述提纲挈领、高屋建瓴，值得所有餐饮人认真学习思考，也让我犹如醍醐灌顶，思路瞬间清晰许多。大师果然见识高明。佩服！佩服！

　　聚会欢闹中也有大学问，只要你有一颗好学之心。"三人行必有我师"，只要用心，时刻都能长进。这句话说给自己，也说给有好学上进之心的各位朋友。

由奴到圣，不知谁能成就这样的伟大

刚刚进入夏天的时候，我曾经到西安参加一个论坛，在论坛上我有一个发言，说的是对"匠心""匠人精神"的认识、理解。年初的时候由于要参与一部和饮食有关的电影策划，其中一个重要的线索就是对匠人的描述，因此我对这个话题还是有一些思考的。

观点之一：匠人文化的本质，不外乎两个词——敬业，认真。对自己的手艺有些固执地自信，而这种自信建立在不断精益求精的求索基础上。技高近于道，这是匠人的追求。

观点之二：匠人在目前中国快速发展的经济形式下，基本上没有存在的可能。因为我们没有给匠人以实在的尊重和保障，因此也就没有什么匠人的存在。

匠人精神是农耕文明传递给工业文明的宝贵遗产。

在和导演谈影片主题的时候，我们谈到了匠人这个话题。日本导演觉得作为一个手艺人，对自己产品的精益求精是必然的，对工艺、对技术有着执着的追求。这一点在日本大概是必然的，常见的，但是在中国却未必。在我看来，匠人精神的坚守，那种对技术对工艺近乎疯狂的不顾一切的追求，是产生在生存问题已经得到解决的基础上的，"寿司之神"小野伸二也好，"天妇罗之神"早乙女哲哉也好，都不存在生存的难题，但是在中国，手艺人的生存始终是个问题。那些小城镇乡村里的手艺人，一辈子只做一件事，一辈子围绕着自己熟悉的那门手艺，这不是他们具备了匠人精神，而是这种手艺是他生存的唯一依靠，除此之外别无他途，他不做这个就会饿死，就会出现生存危机。在这样的环境里，谈什么匠人精神？没有必要人为地拔高那些不得已而为之的工匠，技高近于道这件事不是这些人自觉的追求，而是迫不得已的谋生手段。

观点之三：匠人也许有，但是我们需要匠人精神。

面对当代社会的浮躁与粗糙，实在有必要提倡匠人精神，提倡精益求精的追求、锲而不舍的钻研，这不仅是对产品的要求，也是针对浮躁的一剂良药。只是匠人精神需要长时间的培养，更要有一个良好的社会氛围。日本从明治维新（1868 年开始）以来，就在国家层面上大力提倡匠人精神，强调一生只做一件事，才有了今天的成就，因此所谓中国的匠人精神培养培育，也是需要考虑时间维度的。

观点之四：匠人只是人生辉煌"内圣外王"的中间阶段，后面还有很长的路要走。

古人用"奴、徒、工、匠、师、家、圣"七个层次来说明人生发展的不同层面，匠人精神的坚守和追求，将有可能向"家"进军，最后成为"圣"。孔子是至圣，孟子是亚圣。匠人致圣，几无可能，但成师到家，还是值得努力的。

①奴：非自愿工作，需要别人监督鞭策；
②徒：能力不足但自愿学习；
③工：按规矩做事；
④匠：精于一门技术；
⑤师：掌握规律，并传授给别人；
⑥家：有一个信念体系，让别人生活更美好；
⑦圣：精通事理，通达万物，为人立命。

标准化，美味和厨师

　　和朋友吃饭的时候聊到标准化。在一次采访中，我说了一个观点："标准化不是美味的天敌。"说了也就说了，不知道看到这篇采访的人会有什么反应，估计资深食客们反对的比较多。我觉得这个话题可以深入讨论一下，探究一下那些企业标准化做得到底怎样。

　　我的朋友大雄在朋友圈里说："有些很傻的误区，比如养殖的不如野生的好，工厂生产的不如手工作坊的好，吃药片不如吃药草好。那么请问，为什么古代人的寿命还那么短呢？"这段话在微博那里被两千多人狂喷。我是赞同大雄这个说法的，且不说规范化养殖是解决人类不受饥饿威胁的唯一途径，就食品安全和品质营养来说，规范化养殖生产的原材料，也比野生的靠谱许多、安全许多。

人类社会发展历程中，工业文明取代农耕文明成为社会发展方向，人类在文明程度上显然是大踏步地前进着。中国改革开放四十年的历程，也是从农耕文明向工业化社会前进的过程。这四十年，中国人解决了温饱问题，有鱼有肉吃了，现在更是进步到吃营养吃健康的阶段，这些都是工业化革命带来的。当我们歌颂、敬仰袁隆平时，不仅要看到他的水稻亩产量高，为解决中国人吃饭问题做出了贡献，还要知道袁隆平的成就不可能出现在农耕文明时代，只能是工业化社会的产物，只能是标准化、规范化的产物。

标准化是不是美味的天敌，关键在于你的标准化做得如何。蔡昊的餐厅在广州、香港、北京都很受欢迎，人均 1500 元的消费还经常订不到座位。蔡昊不是厨师出身，是学生物化学的，他的烹饪理论就是要改变中国传统烹饪中厨师做菜基于模糊经验的肌肉记忆状态，让烹饪精准化、量化，也就是标准化。

蔡昊说，做菜无非是 ABCD 的相加，具体了解掌握了 ABCD 就可以做出美味的菜肴来。把制作一道菜分解为 ABCD 几个过程，A 代表食材处理方法，B 代表制作方法，C 代表调味，D 代表火候（也许用温度更利于量化的表述），每一道菜这几个方面都有相应的标准和要求，那么做菜就变成 A+B+C+D 的公式化标准组合，稍有经验的厨师按照这个公式操作，就能做出菜品创制者所要求的菜品来。把科学带入烹

第❹篇 品味儿

饪的路径解决好，标准化的生产一样可以做出美味佳肴。而蔡昊的烹饪理念就是解决这个问题的利器。

　　虽然标准化可以做出美味的食物，但是当下还应特别重视厨师在标准化中的作用。不可否认的是，我们的食材来源难以保证每一批次质量都相同，调味品也难以保证每一批次的质量都一样，那么这个时候就需要厨师根据自己掌握的经验和技术，做出相应的改变和调整，以保证在同一标准程序下，出品的味道不能有太大的差别。某餐厅的招牌菜用到猪肘子，不同地区的猪饲养过程不同，屠宰方式不同，如果不加以区别处理，按照同一标准制作的话，味道就会有差别，有的就好吃，有的就不太好吃了，这就需要在标准制作程序之外再做处理。其实，这也是标准化的内容之一：不同批次的检验处理就是标准化必备的标准之一。

参加面食大会的一点感悟

完成五一假期在广州的工作，回京歇了一天，就去了山西平遥古城参加山西电视台《世界面食大会》节目的录制。每天晚上八点左右开始录制，大致在两点结束，每天六个小时的录制虽然有些辛苦，但在录制过程中见识了一些精彩的面食作品，不仅尝到了好滋味，也增加了不少面食知识，这样的辛苦是我愿意承受的。

2015年夏秋之交的时候，我作为饮食文化爱好者参加了一个贯穿中国的自驾活动，从黑龙江省中俄边界的黑河市沿胡焕庸线到云南省中缅边界的腾冲市。这条线大致是中国400毫米等降水量的分界线，也是农耕文化和游牧文化的分界线，线的东西，政治、经济、文化发展水平很不平衡，差距很大。反映到日常饮食上，就是东部要比西部丰富得多，水准也要高出许多，这一点在中国北方表现得更为明显。

1. 焖肉面

2. 沙琪玛

3. 酸汤鲁因挂面

4. 驴肉甩饼

这次参加《世界面食大会》节目，见识了许多南北方的面食，虽然北方日常饮食以面食为主，面食的花样和种类比南方丰富很多，但是要用烹饪水准和调味水平衡量，北方还是和南方有着不小的差距。北方面食的表现形式比较直接，味道层次简单，南方面食品种虽然少，但辅料丰富，制作精细，味道呈现着一份婉约与灵动。这也是我在《世界面食大会》上高分基本给了南方面食的根本原因。

上海厨师带来的改良版焖肉面，猪骨、鳝鱼骨、老母鸡、带皮肥肉熬成的底汤，配上一块入口即化的大肉块，这样的面条怎么能不好吃？我倒是不推荐加蔬菜汁做成的面条，简单的机制碱水面更能体现汤鲜肉美。即使要对面条进行改良，细细的拉面就可以。在上海吃早餐，我是喜欢来碗焖肉面的，那种动物油脂的香气让我可以忘记任何营养师的劝告，毫不犹豫地吃完它。

稻香村制作的沙琪玛，一斤面八两鸡蛋，和面完全不用水，做成细条后炸熟，再用白砂糖和饴糖熬成的糖稀拌匀，压制成型，撒上果料即成。这是一款高糖高油高热量的点心，出自清朝宫廷，几经流变定型为今天这般模样。这种点心出身名贵，制作讲究，京城做得最好。这也说明东部地区吃食上的讲究。

鲁因挂面据说有六百年历史了，是一种产于山西运城的空心挂面，全手工制作，工序繁多，真心是体力活。给我们品尝时配了一碗铺了鸡蛋的酸汤，面条煮120秒即可，在酸汤里拌匀就可以吃了。面条的口感很好，比那些机制挂面好上太多。酸汤的酸鲜也很美味，配上腌酸菜吃，很是开胃。我很喜欢吃，但也感觉有些简单了。

配酸汤鲁因挂面的是潞城甩饼，原本叫驴肉甩饼，是山西长治潞城地区的名吃。面饼制作过程中要在面案上甩来甩去，增加饼的韧度。用鏊子点驴油烙熟，中间夹酱驴肉。热饼夹肉，香香的。饼外焦里韧，麦香足，配合着驴肉，真心好吃。单论此饼，与河北的驴肉火烧相类似，肉差不多，饼呢，一个脆韧，一个酥脆。都是简单直接的酱卤肉配白面饼。虽然也有相应的技术难度，但味道层次感受上还是简单了一些。

这四种面食单品我都挺喜欢的，各自特点明显，口味明确，也都有自己的拥趸。从好吃、果腹的角度出发，除了沙琪玛之外，都是不错的单品。如果从制作技艺和味道丰富度来看，东部的南方还是要比西部的北方复杂一些，联想到以前议论过的奥灶面、酒窝面、狗不理包子，大致也能得出这样的结论。饮食文化的丰富与否、烹饪技艺的水准高低，一定是和当地的政治经济文化发展水平密切相关的，胡焕庸线的划定也是基于这样的原因。要改变这样的现象，恐怕还要经过几代人的奋斗。

餐饮业态的选择

完成了深圳的事情，今天可以回家了。原本想去清迈发两天呆的，一个可爱的北京姑娘已经在那里待了两天了。可是北京还有一帮朋友在等着我吃饭，女儿后天又要回美国去了，只好放弃南下的温暖，赶回北方的寒冷中。

酒店的早餐依然是简单的，继续吃一些生的菜叶，与昨天不同的是，要了一碗汤河粉，自己调了味道，很喜欢那几滴花椒油的作用，让这碗河粉的味道丰满妖娆起来。

吃完早饭收拾好行李，泡上一杯茶，整理昨天活动上收到的名片。这次在深圳新认识了很多人，其中有两位让我格外注意，一个是做米粉的迟先生，一个是胡桃里的詹先生。这两个人都不是餐饮业出身，但是都把自己的餐厅做得风生水起，开了一百多家门店，有的是直营，有的是加盟，但无论是哪种形式，这两位先生都可算是餐饮界的新生力量，而且有着不错的发展趋势。和他们聊天时，他们一再强调自己做的是企业，做的是品牌，与传统餐饮企业的经营理念不同。

他们目前的成功让我思考，这种新型的餐厅（企业）和传统餐饮企业（餐厅酒楼）到底有什么不同呢？这也许是一个很复杂的研究课题，值得新形势下所有餐饮人深思。简单说，品牌和市场是他们关注的重点，如何树立品牌影响力，如何快速地进入市场，赢得特定的消费群体的认可，是他们工作的重点，至于出品能否达到美食的标准，能否让所谓的行家（大师或美食家）认可，则是可以暂时不予考虑的。第一，不是人人都是美食家，很多时候人们吃饭，饱腹还是第一目的，对味道没有那么挑剔，少花钱能吃饱，只要不难吃就可以了；第二，餐食的结构和就餐的环境能否让进来的人满意，能否让就餐者有比较愉快的用餐体验，尤其是满足"90后"喜爱欢快热闹、简便快捷的消费特点；第三就是菜不多，有爆款菜，特色明显，选择起来比较方便，经营形式类型化，容易扩张，等等。

这样的餐厅与传统餐厅酒楼以菜品打天下，以服务赢得客人的经营方式有了很大不同，而其中的最关键点就是轻菜品重情趣，菜式简单、服务简单，环境氛围特色明显，他们针对的只是消费群体中的某一部分或是某一种需求，把这一部分做好，尽力满足这种需求，就是他们成功的原因了。中国餐饮市场这么大，消费需求更是五花八门丰富多彩，任何一家餐厅酒楼都很难满足所有的消费需求，但要是能为特定的消费群体提供令他们满意的产品，企业就有了良性发展、扩大经营的可能。我的思考只是晚间写日记时浅思，日后会继续关注这个问题的。

上午十点半离开酒店，下午五点十五分到家，简单收拾一下行李换了衣服就出门吃饭去了。今天是腊月二十三，小年。几个朋友在新荣记聚会，算是对猴年的告别。好友英子给我们准备了许多好吃的，还亲自给我们做了个和牛炒饭。大家喝了两瓶茅台和三瓶红酒，吃得兴高采烈，不亦乐乎，交口夸赞新荣记的每一个出品。牛金生老师尝了一个墨鱼饺子，向英子伸出了大拇指。我问为何？牛老师说，馅料新鲜，吃到了鲜甜；面皮筋滑，尝得到手艺老到。一个南方企业能把北方的饺子做到这个程度，足可证明餐厅的水准之高。牛金生老师的话让我感触颇多。以前，人们对浙江的了解大多是杭州、温州、宁波、普陀，很少有人知道台州，正是新荣记在餐饮界的异军突起，让台州成了人们议论的热点。可以说新荣记在北京、上海的成功，让人们知道了台州，让人们对那些被生猛海鲜概念压制了很多年的东海海鲜、台州渔家海鲜菜式充满了垂涎欲滴的期待。

面馆的设计

　　春姐来北京约我见面，因晚上要在四季酒店参加一个活动，于是就约下午四点半在四季酒店见面。过去的时候有点堵车，春姐比我早到了 20 分钟，真是不好意思。在大堂吧坐下来，贴心的 Delia 给我们安排了座位和茶水，于是喝着香热的红茶，听春姐说她的小面馆。

　　2015 年 8 月下旬，我参加自驾活动，走胡焕庸线贯穿中国，其中在大同停了两天。吃了刀削面，参观了云冈石窟之外，还在春姐的办公室吃了一顿饭。最后的主食羊杂汤面条特别好吃，张鸣老师和我吃得一头大汗，连呼过瘾。回到北京后曾经动过心思，想让春姐在北京开家羊杂面馆，估计会有不错的生意。

　　做面条本身就是山西人的强项，伴着面条的羊杂汤又有很好的味道，汤香料足的话，肯定有人喜欢的。春姐听了我的建议也动了心思，颇想拿几十万试试。春姐说，自己虽然不是煤老板，但是拿几十万做个饭馆还是没问题的。余伟森去大同考察时，我还让他去春姐那里看了看，阿森觉得羊杂面的前景不错，搞得我好一阵心动。只是后来自身琐碎事情太多，忙起来后把这件事忘了，议论了好一阵的羊杂面馆也没开起来。

　　羊杂面馆的事情过去两年了，春姐在北京开起了自己的面馆。合作的几个朋友我也认识，真心希望他们面馆有好生意。不过这几年北京开了不少面馆，有的生意好，有的开了没几天就不见了。这里面原因很多，选址、口味、管理等方面真是需要做好前期调研，否则只凭热情甚至只凭味道好，都难以做出好生意。北京城区交通状况大家都知道，出行的时间成本很高，一般的饭馆能做好周边三五公里范围内的生意，已经是很不错的状态了，针对面馆来讲，做的大概就是周边一公里范围内的生意，千万别想让人家开车过来吃碗面。这样的人有吗？我说肯定有，但是不会多，这样的食客不足以支撑面馆的经营。再说，你的面条做得能有多好吃才能吸引到不计时间成本的消费者呢？因此面馆做的多是周边生意和过路生意，这样选址就是最重要的问题了。周边是什么消费类型，哪一类阶层人士居多，他们的消费习惯、消费水准如何？这些必须提前考虑到，并在面条口味上、菜单组合上做出针对性的设计，才能有备无患、有的放矢地做生意。如果面馆开在写字楼居多的地方，午餐是白领的硬性需求，认真做就一定有好生意。但是白领们下班以后呢？节假日双休日呢？一家餐馆不能只做午餐，还要想到晚餐，还要想到节假日。

昨天在眉州东坡王府井店吃饭，上下电梯都遇见了很多外卖送餐员，问了一下店经理，经理告诉我现在外卖已经占到一天生意总额的 30%，那么面馆是不是可以设计出几种适合外卖的品种呢？

　　外卖也许会是下一阶段的热点，不使用餐厅的餐具还不占餐厅的地方，利润也由此提高不少。一家单一品类的餐厅，一定要考虑做不做外卖，其实答案是现成的：做！但怎样才能做好就需要餐厅经营者认真考虑了。诸如外卖的品种、用具，如何提高产品质量（做得好吃），如何解决面条外送时间的问题，不能让消费者拿到手里的面条污糟糟没了口感，保持好面条本身的精气神⋯⋯这些都是需要设计的，最好在面馆开业前就有所准备。

　　凡事预则立，不预则废，古人早就说过，就看今人如何面对了。

张元的融合是风味菜的借鉴

　　认识张元是因为一个活动，具体是哪个机构搞的现在已经记不得了。只记得有人要在大连做活动，需要一个厨师做表演，做个菜。机构找到我，我就问了春晖有什么推荐，春晖把张元的电话给了我，我把张元推送给了朋友，后面的事情进行得如何没人和我说，我也没去问。因为我相信春晖，他推荐的人选是不会掉链子的。这样我算是认识了张元。

　　张元是个厨师，在大连开有自己的餐厅。按照朋友们的介绍，火车头餐厅在大连名气不小，出品不错，价格虽然不低，但是每天饭口时都会有人排队。我问张元大连餐饮什么时候是淡季，张元想了想，告诉我是十一月，停了一下，张元补充了一句："火车头餐厅没有淡季。"说完，张元有点羞涩地笑了。在大连的这几天，这个画面不时在我脑子里闪现，张元给我的印象是一个自信、有着自己追求且目标明确的厨师兼餐厅老板。

1. 煎元贝
2. 焗烤鲜鲍鱼
3. 牛粒大连家常菜
4. 辣炒海参

202

第一次见到张元是在台州。台州餐饮协会王会长邀请我去台州仙居摘杨梅，同时还叫了别的朋友。到了台州吃饭时，张元来了。虽然是第一次见面，却没有丝毫陌生感。觥筹交错之间，只有我和张元喝的是饮料。我不胜酒力，张元是滴酒不沾，两人之间就多了个话题。这次仙居之行，发现我和张元有不少共同的朋友，北京的、杭州的、宁波的、昆明的等，这些人和我与张元都不是那种点头打招呼的朋友，而是那种有着不少共同话题可以一起说很多话的朋友，于是我与张元也就一定会成为朋友的。仙居之行结束时，张元邀请我去大连玩几天，于是相约夏天的时候到大连去吃海鲜。

　　各自忙碌，不经意夏天就过去了。长假前和张元联系了一下，定下长假里到大连玩两天。十月二日凌晨到了大连，睡了一觉后，就开始了在大连的吃喝。先是去了小平岛上的日丰园吃海肠饺子和大连渔家菜，简单料理的渔家菜肴让我们吃得满心欢喜。晚上去了张元新开的餐厅，品尝他的出品。虽然认识了很久，但这是第一次吃张元调教的菜品。

　　曾经问过张元他的菜有什么特点，他的回答是融合。在我的印象中，融合菜就是fashion food，也有人叫它创意中国菜、改造中国菜，是那种盘子大菜量小，注重菜品造型、菜品呈现形式的新派中式菜肴。这样的菜式在北上广深一线城市生存空间不大，在大连这样的城市能有什么好的效果吗？可是张元的餐厅生意一直比较火爆，人均消费在大连属于比较高的，饭口时候也要排队等位。融合菜在大连让张元做到这样的地位，难道他有什么秘诀吗？

吃过之后才明白，张元的融合菜和我理解的融合菜（fashion food）不是一回事。他采用了简单实用的拿来主义，发现其他地方菜中味道好的，比较匹配大连人口味习惯的，便会加以改良并出现在他的菜单上。因此，他的菜单里既有北京烤鸭也有旅顺烩菜，可以用辣炒海参作为主打产品，也有花雕蒸帝王蟹提升档次。

晚餐我们吃了不少菜，有花胶松茸汤、煎元贝（粤菜风格）、渤海大虾（大连风格）、焗烤鲜鲍鱼和牛粒大连家常菜、旅顺烩菜、创新菜海胆炖豆腐，基于大连本地食材的辣炒海参及捞饭。每个菜做得都不错，材料好，味道正。几种不同菜系风格菜的配搭吃起来丝毫没有违和感，大连风味菜在融合的基础上有了提升，不再是那种不讲模样的简单粗暴，味道丰富了，呈现也讲究了。这样的融合丰富了大连菜的味道，让大连食材有了更多的展现方式，让食客在熟悉与陌生的转换中，体会美食的快乐。大连作为一个沿海开放城市，应该有自己的美食名片，那些以辽参为首的丰富海产品应该有更多风味色彩，张元的融合理念在这方面做了有益的尝试，我看好张元的努力，为他的创新点赞。

地方风味走向都市的路径思考

霜降节气前后的那几天，我正在福建莆田游逛。相比于北方这时的寒凉初露，莆田还是热天气，早晚加件长衫，中午前后穿一件 T 恤就可以了。

在莆田待了整整三天，上山下海走了很多地方，跟着莆田餐厅的老板方叔寻找莆田好食材。福建临海，全省八山一水一分田，对于传统耕作来讲不是一个好地方，但是地形的复杂，地貌的多样，为餐饮提供了丰富的原材料。明屠本畯《闽中海错疏》所记，福建沿海各种水产中鳞、介两部就有 257 种之多，现代的统计则有 750 余种。清代编纂的《福建通志》对福建的物产有着这样的描述："茶笋山木之饶遍天下""鱼盐蜃蛤匹富青齐"。飞禽走兽、山珍海味、菜蔬瓜果、溪江鱼鲜等为闽菜的多样性提供了坚实的物质基础。历史上的"八王之乱"

1. 铁板盐焗蛏
2. 咸香黄花鱼
3. 薄荷枇杷冻

以及后世的唐、宋移民，把中原饮食文化带入福建，而福建相对封闭的地理环境让这些古代元素在很大程度上得以保留，在语言、戏曲、饮食等方面都有明显体现。近代以来，福建华侨又把一些南洋饮食带回家乡，融汇在闽菜体系中，这样，古今中外多种元素在福建大地上存留、发展、融合，贯通成今日闽菜的百花齐放，这大致也是闽菜入选八大菜系的重要原因。莆田在福州与泉州中间，依山傍海，物产丰饶，有许多好的食材有待开发推广。

三天寻访好食材活动，我知道了头水紫菜、哆蜞干、兴化米粉、龙眼干、福建贡盐和红菇等莆田好食材，先后品尝了用这些食材做的菜肴。除了最后一天的晚餐是在方叔新建的祖屋内吃了由莆田餐厅厨师制作的菜肴外，其余几餐都是在莆田不同的餐厅吃的莆田菜。对比莆田餐厅的与莆田市里那些餐厅的莆田菜，前者的出品显然高出后者很多。个人认为，目前莆田市里的那些莆田菜生存环境大概只适合莆田市，与餐饮水平较高地区的好餐厅出品相比，有些简单粗糙了。如果想走向大都市的话，急需提高烹饪水准、改变呈现方式。这不仅仅是莆田市餐厅的问题，也是一切三四线城市地方风味走进大都市都面临的问题。

生活水平提高了，饮食水平也在提高，饮食精致化是当代高品质精致生活的重要内容之一，更是社会发展对饮食提出的要求，新加坡莆田餐厅的成功，除了坚持使用好食材，坚持地方风味特色之外，与其菜品的精致化、精细化呈现有着极大的关系。新加坡的整体环境和消费需求在客观上对莆田餐厅的经营方式和菜式出品提出了要求，出品虽然还是莆田味道，但是与莆田本地的菜品已经有了太多太大的变化，这种变化让新加坡莆田餐厅的菜品在进入香港、上海、北京市场时，能够迅速被主流消费阶层接受，成为城市消费者追捧的餐厅。地方风味精致化，不是要否定地方风味，也不是要改变地方风味，而是要提高地方风味的广普适应能力，提升地方风味的消费层次，打开地方风味上升成为美食的通道。这是一番大道理、大事业，理顺了，做好了，就是对家乡味道最佳最有效的推广。

中餐到底有多了不起

今天被一条和中餐有关的消息刷屏了，这大概和我的朋友圈里餐饮行业从业者比较多有关系。不过，看到朋友们的转发以及欢呼雀跃，我没有点进去看。晚上吃完饭，在同学群里看到有人在说这件事，顺便看了一眼，一位在美国的同学转帖了这件事：美国《GQ》杂志发布了餐饮品赏大师 Brett Martin 最新出炉的"美国 2017 餐饮排行榜"，休斯敦 Pepper Twins 双椒川菜馆的招牌凉菜"夫妻肺片"荣登榜首，被选为"年度开胃菜"。

这道菜的英文名被翻译成"史密斯夫妇"（Mr and Mrs Smith），源自好莱坞同名电影。

电影我看过，布拉德·皮特、安吉丽娜·朱莉分别饰演男主角约翰·史密斯和女主角简·史密斯。美国人对夫妻肺片的翻译转了几层，写出来给中国人看，估计没人知道会是一道川菜的美国叫法。另外一个同学找到一张菜单上夫妻肺片的照片，直译了夫妻肺片。"husband and wife lung slice"，翻译成中文是"丈夫和妻子的肺部切片"，这样的菜名不知道有谁敢吃，有谁能下得去筷子张得开嘴。

中餐被国外知名食客推崇，并荣登第一宝座，无论如何都是一件可喜可贺之事，对于中餐的推广、中国味道的国际化进程有着良好的推动作用，增强了餐饮业走出去，去发达国家开店、开高级的中国餐厅的信心。改革开放几十年了，中餐烹饪水平、中餐饮食理念都有了长足的进步，近几年开到国外的中餐厅已经不再满足在唐人街里混脸熟，大踏步地开到了富人区、豪华商业区、CBD 区域内，他们的服务对象也不再局限于华人华侨华裔，一些纯种的老外也成为这些中餐厅的常客，成为中国味道的爱好者。新一代的中国餐饮人到国外开餐厅，一是要让中国味道走向世界，二是要用中国味道赚外国人的钱。这与早年间华人开餐厅只是落脚谋生的手段已是大不相同，目的明确，计划周密，资金充足，情怀洋溢，是这一代餐饮人走向海外的共同标志。

从国外几家中餐厅的装修可以看出，当代中国餐饮人已经有意识地与前几代中国移民开设的餐厅拉开档次，中国元素或明或暗，巧妙地与大环境融合在一起，更符合现代人消费习惯，不再过于用外国人理解的中国元素强调自身的特点，而是

寻味儿——董克平饮馔笔记

努力营造一种在一家高档舒适的餐厅吃中国菜的感受。这句话也许需要做些解释，因为很多外国人对中国的认识还是清末民初时期的中国，我们介绍的那些外国人对中国人的夸奖只是极少数外国人对中国的认识，而大部分外国人是不了解中国的。因此，开到国外去的中餐厅如果努力迎合外国人对中国的了解，就只能在传统元素中寻找表达方式，当然这是介绍中国的一种方式；如果努力把自己打造成一家高档餐厅，在细节上、在菜品呈现上、在菜品味道上体现出地道的中国气质，营造出在一家好的餐厅里吃美味的菜品（在一家米其林三星餐厅里吃法餐、意餐）的效果，对中国味道的推广也许更为有效。

据不完全统计，目前已有 188 个国家和地区开设有中餐馆，餐厅数量多达 20 万家。但是好的、高级的中餐馆数量很少，能够进入米其林星级系列、Best50 系列的中餐馆还属凤毛麟角，虽然偶尔有中餐某个菜品冒了个泡，但这还是零星的孤例，中餐国际化的道路依然任重道远，需要几代人持续地坚持努力奋斗。

中餐西吃的一点思考

　　左右腾挪算是给自己留出了不需要外出交往的一天，上午在家看了一会儿书，中午睡了一会儿，下午回复了一个邮件采访，晚上去老爸家陪他聊会儿天。嗯，顺带把车也洗了，北京灰尘大，几天没动，车就脏得不好意思开了，不过马上又要出门几天，回来后估计又要洗车了。吃完晚饭后录了三段音频文件，说的都是和吃有关的话题，每一段大概有 18 分钟，说得我口干舌燥的。关于饮食话题，我更喜欢讨论着说，这样会激发灵感。自己坐在那里对着话筒说说就没什么兴致了，不过答应了人家就要做完，这是本分之事，不能言而无信。

　　虽然一天庸碌而过，日记里还是要说点和饮食有关的东西。以前还会就热点发表点看法，这一段时间来，只会在吃的方面说话了，离开吃，说别的、写别的好像都不会了，大概是因为过于专注饮食话题，可也有读书少见识浅薄的因素在里面。这让我汗颜。

昨天连着吃了两顿西餐，中午在福楼国贸的新店，晚上在国贸大酒店的宴会厨房。席间闲聊，说到西餐的个吃与中餐的桌餐优劣，意识到在高档餐厅里，中餐西吃已经成为一种趋势，分餐制越来越多地出现在各种宴会上。不过中餐和西餐毕竟不同，要做到自然而不刻意，又符合中国人的吃饭习惯，还是要下一些功夫。

西餐吃饭都很简单，开胃菜、汤、主菜、甜点。而中餐则烦琐得多，八凉八热，荤素搭配，等等。要让中餐以西餐的形式呈现出来，对很多高档中餐厅来说是个考验，但越来越有国际化视野的消费者们，开始倾向于这种更"体面"的吃法。

目前在社会餐馆和星级酒店中，中餐西吃还基本停留在分餐制的阶段，依然是中餐的点菜形式，依然是几道、十几道菜式，只不过是把原本装在一个大盘子里的菜，分拣到每人一个的小盘子里，这种只是借用了西餐分餐制的形式，在菜式的呈现程序上、味道上还是中餐的。只有部分国宴才会完整地运用西餐就餐的形式，简简单单的几道菜，开胃菜、汤、主菜、甜点，吃起来省时、省事。

在传统习惯依然强大无比的餐饮市场上，中餐西吃面临着能否吃饱的实际问题以及是否丰盛的面子问题，体面与实惠，简洁与人情的问题不解决，中餐是无法彻底西吃的。

如果把中餐西吃放大考量范围，可以说这是中国餐饮界的一些人士为中餐走向国际舞台的一种探索、一种努力。在大部分游戏规则都是西方指定标准的当下，餐饮自然也不能例外。不这样做的结果就是中餐厨师在前几年非中国举办的国际烹饪大赛中，无法取得好名次的根本原因，这是原因之一；原因之二，当大董这样的烹饪大师参与了 2008 年北京奥运会招待国际客人的国宴菜单设计后，也意识到用国际通行的就餐形式是中餐走向国际的必由之路，舍此无他；其三，分餐制也是对传统的回归。

宋朝之前，桌子还没有进入家庭，人们吃饭还是条案的时代，分餐是中国人主要的进餐形式，千百年过去了，现在的分餐制即所谓的中餐西吃也是对传统的回归。但是目前中餐西吃还只是在国宴、高级餐馆、星级酒店中零星出现，成为高端消费的一种表现形式，真正的普及还有待时日，很有可能是个漫长的过程。

对于以煎炒烹炸为主要烹饪形式的中式菜肴来说，菜品的温度是考量一道菜式是否合格、是否美味的重要标准之一。无论厨房与餐桌的距离是多少，西餐中的个吃习惯无可避免地要把做好的菜品分配到一个个的盘子里，这样的过程，菜品的温度也就无法保证，菜品的品质也就随之降低，解决好温度问题是中餐西吃的一个重要问题。也许改变中餐习惯的菜单设计是解决这个问题的一个方法，但是开胃菜、汤、主菜、甜点这样简单的菜式，实在和中国人的饮食习惯、宴会习惯差太远了。这样改变饮食观念也许是不错的办法，但是作为中国人为什么要按照西式的标准改变自己呢？如果不给这种改变找到充分的理由，分餐制就难以广泛地开花结果。

从一份甜点说起

　　躲开北京的高温到海南文昌参加一个电视厨艺真人秀的录制，参加者由外国大厨和中国大厨各带助手组成对阵的两支队伍，在规定的时间内，用规定的食材做出前菜、主菜、甜品三道菜式，由十五位评委品尝打分决出胜负。时间有限，原料有限，调料也不完备，加上是在陌生的厨房里操作，出品难免会有瑕疵，菜没有什么好说的，总之不太让人满意。

　　通过对几场比赛的观察，感觉中方厨师在甜品的制作上有些薄弱。中餐里有不少好吃的甜口菜式，粤菜里还有糖水这种选项，但是却少有哪一道甜菜是为宴席结束时高潮的延续设计的，因此甜品在中餐厨师这里是个弱项。以甜品收尾是西餐的惯例，外国厨师在甜品方面要比中餐厨师熟悉。这一点在《厨王争霸》的比赛中，表现很是明显。比赛中中方厨师做了一道甜品：海岛风情。这道甜品超出了我对甜品的想象力，大概是脑洞大开的创作。椰汁和山竹、龙眼的结合还算说得过去（我觉得这也只能算是个糖水，算不上甜品），但是未经加工调味的油条和煮熟的一根米粉摆在那里，油条上还点缀了一种海南野菜五指山，再配上莲雾和波罗蜜，混乱到不知说什么好了。

这让我想起大董先生邀请西班牙甜品大师来华举办甜品研修班，目的就是要提高中餐的甜品水平，以期让中餐国际化的道路走得宽阔一些。但是从无到有、从有到精，甜品要在中餐里赢得自己的位置还有太多的事要做，还有太多的路要走，真心希望中餐厨师对甜品的兴趣从被动到自觉，做出好的甜品，做出有中国特色的甜品来。

这一点我们应该向日本学习。甜品、甜点本是欧洲人的强项，日本人去欧洲学习回来，结合东亚人的口味特点予以改良，减低了甜度，增加了一些亚洲人喜欢的香味，他们对奶酪的使用甚至影响了甜品大国——法国的厨师，在法式甜品中运用日本厨师的奶酪使用方法，让法式甜品有了新的变化。问过一些星级酒店的甜品师，大多认为日本人在甜品制作方面融合东西，走出了自己的道路。北京柏悦酒店刚营业的时候，聘用了一个日本甜点师。不长的时间，这位甜点师的作品就让柏悦酒店吸引了很多同行去观摩学习，他带的几个中国厨师后来陆续离开柏悦酒店，去了别的酒店或餐厅，其中一位女生还成为某家著名法餐厅的饼房老大。我去那里吃饭时，吃到的甜品很是熟悉，问过之后，果真曾是柏悦酒店那个日本人的手下。姑娘告诉我，她师从日本师傅学习的那些甜品很受欢迎。如果不是日本师傅回国了，她宁愿放弃现在的工作，继续跟着学习。日本师傅的方式、方法、创意等，都是她在学校里学不到的，学到一些皮毛就可以找到一份有不错薪水的工作了。

现在越来越多的宴会有了甜品的位置，尤其是那些和外国人有关的高规格宴会，甜品更是不可或缺。G20 也好，APEC 也罢，宴会上吃的虽然以中国味道为主，但最后总是以甜品收尾的。中餐国际化，就不能没有甜品；中餐要摆脱在国外低端廉价的老印象，在提供高水准、地道的中国味道之外，必须有高端的甜点作品。这是中餐走向世界的必要条件，更是中国厨师的一份责任。

高端日本料理店的兴起

傍晚的时候接到电话，朋友告诉我因为身体原因不能参加晚上的饭局了。问了一下，朋友告诉我因为有了身孕，家里老人说不能吃生冷油腻的东西。晚上是个日本料理局，肯定会有刺身这类的吃食，为了下一代，只好爽约了。

我不知道日本女人怀孕期间会不会吃刺身，中国人认为是生的，难免会有寄生虫，所以再好吃的食物，只要是生的也就不能吃了。科学上是不是这样讲我不知道，希望能有行家指点一下。

去年下半年到最近这段时间，去过很多家日本料理餐厅吃饭，如果按照中、西、日来分类的话，吃日餐怕是最多了。这段时间去的日料餐厅和以往去的那些日料餐厅的不同之处在于，这些餐厅都很贵，一餐饭吃下来，不算酒的话大致都在 900 元到 1200 元。这些餐厅和前几年流行的那些两三百元一位的日料自助餐厅大不一样，大致会有这样几个特点：1. 餐厅面积不大，包间不多，最好的位置是吧台，可以看着厨师操作，第一时间吃到烹制出来的美味。2. 强调厨师的出身，最好是日本籍厨师，要是某一方面的行家就更好了。3. 强调食材的产地，食材来自最佳产地。4. 强调食材的季节性，时不同，食不同。5. 不再大而全什么都做，而是强调日本料理中的某一方面。6. 餐具讲究，多数是从日本采购。7. 配酒讲究，小众有个性的米酒成为主打，并备有日本产威士忌（单一麦芽更佳）。这些特点决定了他们与那些自助式日本料理餐厅的区别，成为京城日本料理拥趸的新宠。

日本料理在北京（一线城市）兴起的原因我曾经说过一些，限于篇幅有些意犹未尽，正好可以在这里再说说。目前国际公认的三大健康美食区域是地中海饮食、东南亚饮食、日本和食，共同的特点是海鲜多，使用天然调料，轻烹少油，这些都是现代健康饮食理念提倡的。对于已经富裕起来并开始讲究饮食追求健康的中国人，这样的饮食无疑有着强大的吸引力。而这三种健康饮食中，日本料理的口味与中餐最为接近，其中又有很好的仪式感，这些都是中国食客喜欢并乐意接受的。

事物发展变化过程中，会有这样一种现象：一种事物的兴起大致可以看作是对有些东西的否定。这些顺应新时期美食需求的精致日本料理餐厅的出现，也可以视为是对那些廉价日本料理的正本清源。在这些餐厅里，不会出现偷换鳕鱼概念的事

情，也不会像那些大型自助日本料理餐厅菜单上寿司、刺身、拉面、天妇罗、牛扒等什么都有的现象。小而美、专而精，把产品在自己力所能及的范围内做到最好，食客对日本料理的认识也由此从简单上升到高级，从粗放上升到精致，体会到和食风格的内在之美。

GDP 人均 8000 美元之后的中国，虽然因为区域发展的不平衡，相对落后的区域还有很多，但是在一线城市和沿海发达地区，这一数字的诞生必然带来消费的变化，这也是中国人在世界各地敢花钱的根本原因。映射到餐饮消费上，高精尖、小而美的餐厅会在这一时期陆续涌现，满足一部分人的消费需求。高端日本料理店的出现就是餐饮裂变浪潮中的具体表现，而且在今后的一段时间内还将持续。

蒲菜，厨师，素质

去四季酒店采逸轩吃晚饭遇到了堵车，很少迟到的我居然晚了半个小时，看来我对晚间的路况还是有些乐观了，如果提前一些出门，就可能准点到了。

Delia 让我试试他们的夏季菜单，因为只有两个人，我和大厨李强师傅说，简单一点，够吃即可。我是实在人，李师傅也是实在人，两个凉菜三个热菜一个汤一份点心，几个菜精致有味，清清爽爽，我们没费什么力气就完成了光盘任务，好吃没负担，Delia 和我吃得很是开心。

吃着白灼蒲菜这道菜的时候，我的脑子有点分神。前几天，扬州冶春的朋友给我送来一些蒲菜，我也是白灼后吃掉了。今晚这蒲菜与前几日我吃到的那个相比，老了一点点，看来再过几天就吃不到蒲菜了。

第一次明确吃到蒲菜是 2008 年的夏天，在淮安，一家酒厂邀请我们去参观，其中一餐饭上了蒲菜。餐厅的总厨说，蒲菜是当地特产，只有在淮安才能吃到。我当时就觉得这话有点大了，因为记忆中鲁菜中有一道菜叫"奶汤蒲菜"，只是当时不敢确认此蒲菜是不是彼蒲菜，也就没说什么。回京后向老师傅请教，又查了资料，确认了鲁菜中的蒲菜和淮安那个蒲菜是一种东西。看来，淮安那家餐厅总厨的话确实有点大了。蒲菜又名深蒲、蒲荔久、蒲笋、蒲芽、蒲白、蒲儿根、蒲儿菜，为天南星科多年生植物香蒲的假茎，多生于沼泽河湖及浅水中。

说蒲菜是找个由头，我是想说说一个厨师、一个好的厨师应该具备怎样的素质。

在河北电视台和牛金生老师、张少刚师傅一起录制节目，中间休息时，我们讨论过这个话题。我说了自己的观点：一个好厨师大致该具备勤奋、刻苦、悟性、眼界、格局这几种素质，缺少了哪一方面都难以成大气候。勤奋、刻苦不必多言，没有人能随随便便成功，不付出艰苦的努力，不勤学苦练基本功，是不可能成为大师的，这两点是基础，没有基础，空中楼阁就是虚幻，沙滩盖楼，地基不稳，楼也不可能有多高。悟性就是聪明，就是把聪明用到正地方，爱动脑子爱琢磨，对经手的菜式，要知其然更要琢磨出所以然来。简单说，就是知道一道菜正确的表达方式是什么样，更要知道为什么会是这个样子，找到菜之所以成为菜的内在规律，了解原材料和烹饪、调味间的关系。要想达到这样的层面，光靠蛮干是不够的，一定要有悟性，人要聪敏，脑子要活泛。格局说的是做人，说的是胸怀，格局要大，要磊落，要有海纳百川的气质，要有虚怀若谷的宽广，这样才能接受更多有益的知识，这样才能容纳更多不同于你却同样有才华的人。眼界在今天尤为重要，这又可以分为两个层面，一个是对未来的前瞻性，对菜品发展趋势有相对正确且开放的预测力；一个指的是见多识广，对国内外、中西餐的经典菜式、创新菜式有所了解，对国际上先进的烹饪理念、烹饪方法、烹饪工具有所了解、有所掌握。应该说，具备了这样素质的厨师，必定会有所成就，而且不仅是在中国，在国际上也会有一席之地的。

当然，达到这一境界不是一件容易的事情，但是如果不努力就一定不会达到。当代社会科技进步、资讯发达的外部条件，为人们提供了以往不可能有的条件，而且我们身边也有了这样的成功人士，真心可以努力去成就自己了！在成就自己的同时，不也是为中国餐饮做贡献吗？